Springer-Lehrbuch

E. Hornbogen · N. Jost · M. Thumann

Werkstoffe
Fragen und Antworten

280 vielfach unterteilte Fragen mit
ausführlichen Antworten zu
Hornbogen, Werkstoffe, 5. Auflage

Zweite, völlig neubearbeitete und erweiterte Auflage

mit 85 Abbildungen

Springer-Verlag
Berlin Heidelberg New York
London Paris Tokyo
Hong Kong Barcelona Budapest

Dr.-Ing. ERHARD HORNBOGEN
Universitätsprofessor, Lehrstuhl Werkstoffwissenschaft, Ruhr-Universität Bochum

Dr.-Ing. NORBERT JOST
Oberingenieur, Lehrstuhl Werkstoffwissenschaft, Ruhr-Universität Bochum

Dr.-Ing. MANFRED THUMANN
Wissensch. Mitarbeiter, Asea Brown Boveri AG, Dättwil/Baden, Schweiz

ISBN 3-540-53453-9 2. Aufl. Springer-Verlag Berlin Heidelberg New York
ISBN 3-540-18542-9 1. Aufl. Springer-Verlag Berlin Heidelberg New York

Die Deutsche Bibliothek – CIP-Einheitsaufnahme
Hornbogen, Erhard:
Werkstoffe : Fragen und Antworten
280 vielfach unterteilte Fragen mit ausführlichen Antworten zu
Hornbogen, Werkstoffe, 5. Aufl./
E. Hornbogen ; N. Jost ; M. Thumann. – 2., völlig neubearb. und erw. Aufl. –
Berlin ; Heidelberg ; New York ; London ; Paris ; Tokyo ; Hong Kong ; Barcelona ;
Budapest ; Springer, 1991
   ISBN 3-540-53453-9 (Berlin...)
   ISBN 0-387-53453-9 (New York...)
NE: Jost, Norbert:; Thumann, Manfred:

Dieses Werk ist urheberrechtlich geschützt. Die dadurch begründeten Rechte, insbesondere die der Übersetzung, des Nachdrucks, des Vortrags, der Entnahme von Abbildungen und Tabellen, der Funksendung, der Mikroverfilmung oder der Vervielfältigung auf anderen Wegen und der Speicherung in Datenverarbeitungsanlagen, bleiben, auch bei nur auszugsweiser Verwertung, vorbehalten. Eine Vervielfältigung dieses Werkes oder von Teilen dieses Werkes ist auch im Einzelfall nur in den Grenzen der gesetzlichen Bestimmungen des Urheberrechtsgesetzes der Bundesrepublik Deutschland vom 9. September 1965 in der jeweils geltenden Fassung zulässig. Sie ist grundsätzlich vergütungspflichtig. Zuwiderhandlungen unterliegen den Strafbestimmungen des Urheberrechtsgesetzes.

© Springer-Verlag Berlin, Heidelberg 1989 and 1991
Printed in Germany

Die Wiedergabe von Gebrauchsnamen, Handelsnamen, Warenbezeichnungen usw. in diesem Buch berechtigt auch ohne besondere Kennzeichnung nicht zu der Annahme, daß solche Namen im Sinne der Warenzeichen- und Warenschutz-Gesetzgebung als frei zu betrachten wären und daher von jedermann benutzt werden dürften.

Sollte in diesem Werk direkt oder indirekt auf Gesetze, Vorschriften oder Richtlinien (z. B. DIN, VDI, VDE) Bezug genommen oder aus Ihnen zitiert worden sein, so kann der Verlag keine Gewähr für die Richtigkeit, Vollständigkeit oder Aktualität übernehmen. Es empfiehlt sich, gegebenenfalls für die eigenen Arbeiten die vollständigen Vorschriften oder Richtlinien in der jeweils gültigen Fassung hinzuzuziehen.

Satz: Reproduktionsfertige Vorlage der Autoren
Druck: Mercedes-Druck, Berlin; Bindearbeiten: Lüderitz & Bauer, Berlin
62/3020−54321

Vorwort zur zweiten Auflage

Der überraschend schnelle Absatz der ersten Auflage hat die Autoren ermutigt, die 2. Auflage zu erweitern, Form und Aufbau aber beizubehalten. Darüber hinaus wurden noch vorhandene Druckfehler verbessert.

Damit ist nun die vorliegende 2. Auflage auf die ebenfalls vollkommen neu gestaltete 5. Auflage des Lehrbuches "Werkstoffe" von E. Hornbogen abgestimmt.

All den vielen kritischen Lesern möchten wir für ihre sachkundigen Hinweise danken. Ganz besonders seien hier Herr Dipl.–Ing. Holger Haddenhorst vom Bochumer Institut für Werkstoffe und Herr Dipl.–Ing. Werner Wehrenpfennig, Ludwigsfelde erwähnt. Nicht zuletzt möchten wir uns nochmals bei Frau cand. phil. Gerlinde Fries für die schriftliche Erstellung des Manuskriptes sowie dem Springer–Verlag für die sorgfältige und schnelle Bearbeitung bedanken.

Bochum, im September 1991   E. Hornbogen
                                                                N. Jost
                                                                M. Thumann

Vorwort

Die Werkstoffwissenschaft bildet neben Mechanik, Thermo– und Fluiddynamik und anderen Teilgebieten von Physik und Chemie eines der Grundlagenfächer für Studenten der Ingenieurwissenschaften. Im Gegensatz dazu hat sich die Werkstoffwissenschaft erst in der zweiten Hälfte dieses Jahrhunderts als ein einheitliches Sachgebiet profiliert. Den Kern dieses Fachs bildet die Mikrostruktur des Werkstoffs, die zu den gewünschten verbesserten oder gar ganz neuen technischen Eigenschaften führt. Die Werkstoffwissenschaft behandelt vergleichend alle Werkstoffgruppen: Metalle, Halbleiter, Keramik, Polymere und die aus beliebigen Elementen zusammengesetzten Verbundwerkstoffe. Diese Grundlage erlaubt dem konstruierenden Ingenieur am besten, den für einen bestimmten Zweck günstigsten Werkstoff auszuwählen.

In diesem Sinne soll dieses Buch eine Hilfe gewähren für die Einführung in die Werkstoffwissenschaft. Im Rahmen der dazu notwendigen Grundlagen und Systematik ist eine größere Zahl von Begriffen zu definieren, mit denen dann in der Praxis gearbeitet werden kann. Dies bereitet den Studenten der Ingenieurwissenschaft erfahrungsgemäß am Anfang gewisse Schwierigkeiten. Ziel dieses Buches ist es, eine Hilfe beim Erlernen der Grundbegriffe der Werkstoffwissenschaft zu leisten. Der Text und Inhalt sind abgestimmt mit dem Buch "Werkstoffe", 4. Aufl., Springer 1987. Dort sind auch ein den Inhalt dieses Buches weiter vertiefender Text sowie ausführliche Hinweise auf speziellere Literatur zu finden.

Die Form von "Fragen und Antworten" macht das Buch besonders zum Selbststudium oder zum Erneuern älteren Wissens geeignet. Die mit "*" gekennzeichneten Fragen behandeln spezielle Aspekte, die nicht unbedingt Prüfungsstoff eines ingenieurwissenschaftlichen Vordiploms sind. Sie können beim ersten Durcharbeiten übergangen werden. Im Anhang sind dann noch die wichtigsten Fachzeitschriften zum Thema Werkstoffe zusammengestellt. Dies soll dem Leser vor allen Dingen ein schnelles Auffinden der Zeitschriften in Bibliotheken sowie ein weiter vertiefendes Literaturstudium ermöglichen.

Die Autoren möchten Herrn cand. ing. L. Kahlen und Frau cand. phil. G. Fries für die Hilfe bei der Fertigstellung des Manuskriptes danken. Doch auch viele ungenannte Studenten haben mit ihren Fragen und Anregungen zum Inhalt des vorliegenden Buches beigetragen.

Nicht zuletzt möchten wir auch die gute und entgegenkommende Zusammenarbeit mit dem Springer–Verlag hervorheben.

Bochum, im August 1987
E. Hornbogen
N. Jost
M. Thumann

Inhaltsverzeichnis

Fragen		1
1	Aufbau einphasiger Stoffe	3
	1.1 Atome	3
	1.2 Elektronen	3
	1.3 Bindung der Atome	4
	1.4 Kristalle	5
	1.5 Baufehler des Kristallgitters	7
	1.6 Flächenförmige Baufehler	8
	1.7 Gläser	8
2	Aufbau mehrphasiger Stoffe	11
	2.1 Mischphasen und Phasengemische	11
	2.2 Ein– und zweiphasige Zustandsdiagramme	11
	2.3 Das System Al–Si	12
	2.4 Das metastabile Zustandsdiagramm Fe–Fe_3C	14
	2.5 Keimbildung und Erstarrung	15
3	Grundlagen der Wärmebehandlung	17
	3.1 Wärmebehandlung	17
	3.2 Diffusion	17
	3.3 Rekristallisation	20
	3.4 Aushärtung	20
	3.5 Martensitische Umwandlung	21
	3.6 Wärmebehandlung und Fertigung	22

4	Mechanische Eigenschaften	23
	4.1 Arten der Beanspruchung	23
	4.2 Elastizität	23
	4.3 Formänderung	24
	4.4 Zugversuch	25
	4.5 Härtungsmechanismen	26
	4.6 Kerbschlagarbeit, Bruchzähigkeit	26
	4.7 Schwingfestigkeit, Ermüdung	28
	4.8 Bruchmechanismen	29
	4.9 Viskosität, Viskoelastizität	30
	4.10 Technologische Prüfverfahren	30
5	Physikalische Eigenschaften	33
	5.1 Werkstoffe im Kernreaktorbau	33
	5.2 Elektrische Leiter	33
	5.3 Ferromagnetische Werkstoffe	34
	5.4 Halbleiter	34
6	Chemische Eigenschaften	37
	6.1 Korrosion	37
	6.2 Elektrochemische Korrosion	37
	6.3 Spannungsrißkorrosion (SRK)	38
7	Keramische Werkstoffe	39
	7.1 Allgemeine Kennzeichnung	39
	7.2 Nicht–oxidische Keramik	39
	7.3 Oxidkeramik	40
	7.4 Zement–Beton	41
	7.5 Oxidgläser	42
8	Metallische Werkstoffe	45
	8.1 Metalle allgemein und reine Metalle	45
	8.2 Mischkristallegierungen	45
	8.3 Ausscheidungshärtbare Legierungen	48
	8.4 Umwandlungshärtung	48

9	Kunststoffe (Hochpolymere)	51
	9.1 Molekülketten	51
	9.2 Kunststoffgruppen	51
	9.3 Mechanische Eigenschaften I	52
	9.4 Mechanische Eigenschaften II	52
10	Verbundwerkstoffe	55
	10.1 Herstellung von Phasengemischen	55
	10.2 Faserverstärkte Werkstoffe	55
	10.3 Stahl– und Spannbeton	56
	10.4 Schneidwerkstoffe	57
	10.5 Oberflächenbehandlung	57
	10.6 Holz	57

Antworten		59
1	Aufbau einphasiger Stoffe	61
	1.1 Atome	61
	1.2 Elektronen	63
	1.3 Bindung der Atome	65
	1.4 Kristalle	68
	1.5 Baufehler des Kristallgitters	73
	1.6 Flächenförmige Baufehler	75
	1.7 Gläser	78
2	Aufbau mehrphasiger Stoffe	79
	2.1 Mischphasen und Phasengemische	79
	2.2 Ein– und zweiphasige Zustandsdiagramme	80
	2.3 Das System Al–Si	83
	2.4 Das metastabile Zustandsdiagramm Fe–Fe_3C	85
	2.5 Keimbildung und Erstarrung	86
3	Grundlagen der Wärmebehandlung	91
	3.1 Wärmebehandlung	91
	3.2 Diffusion	93

	3.3	Rekristallisation	97
	3.4	Aushärtung	99
	3.5	Martensitische Umwandlung	103
	3.6	Wärmebehandlung und Fertigung	107
4	Mechanische Eigenschaften		109
	4.1	Arten der Beanspruchung	109
	4.2	Elastizität	110
	4.3	Formänderung	114
	4.4	Zugversuch	117
	4.5	Härtungsmechanismen	120
	4.6	Kerbschlagarbeit, Bruchzähigkeit	122
	4.7	Schwingfestigkeit, Ermüdung	127
	4.8	Bruchmechanismen	131
	4.9	Viskosität, Viskoelastizität	133
	4.10	Technologische Prüfverfahren	134
5	Physikalische Eigenschaften		137
	5.1	Werkstoffe im Kernreaktorbau	137
	5.2	Elektrische Leiter	140
	5.3	Ferromagnetische Werkstoffe	140
	5.4	Halbleiter	142
6	Chemische Eigenschaften		145
	6.1	Korrosion	145
	6.2	Elektrochemische Korrosion	146
	6.3	Spannungsrißkorrosion (SRK)	148
7	Keramische Werkstoffe		151
	7.1	Allgemeine Kennzeichnung	151
	7.2	Nicht–oxidische Keramik	152
	7.3	Oxidkeramik	153
	7.4	Zement–Beton	154
	7.5	Oxidgläser	155

8	Metallische Werkstoffe	157
	8.1 Metalle allgemein und reine Metalle	157
	8.2 Mischkristallegierungen	158
	8.3 Ausscheidungshärtbare Legierungen	159
	8.4 Umwandlungshärtung	161
9	Kunststoffe (Hochpolymere)	165
	9.1 Molekülketten	165
	9.2 Kunststoffgruppen	166
	9.3 Mechanische Eigenschaften I	167
	9.4 Mechanische Eigenschaften II	167
10	Verbundwerkstoffe	169
	10.1 Herstellung von Phasengemischen	169
	10.2 Faserverstärkte Werkstoffe	170
	10.3 Stahl– und Spannbeton	174
	10.4 Schneidwerkstoffe	174
	10.5 Oberflächenbehandlung	175
	10.6 Holz	176
Anhang		179

Fragen

1 Aufbau einphasiger Stoffe

1.1 Atome

1. Warum besitzen Elemente mit der Ordnungszahl $Z \sim 28$ und den relativen Atommassen $A_r \sim 60$ (Fe,Ni) die stabilsten Atomkerne?

2a) Welche Werkstoffeigenschaften werden durch den Atomkern bestimmt?
 b) Welche Werkstoffeigenschaften werden durch die Valenzelektronen bestimmt?

3. Die Elemente Blei (Pb) und Aluminium (Al) besitzen eine kubisch flächenzentrierte Kristallstruktur (kfz), während α–Eisen kubisch raumzentriert (krz) ist. Berechnen Sie die Dichte ρ aus der Anzahl der Atome in der Elementarzelle, den relativen Atommassen und den Gitterkonstanten!
 Gegeben:

 Atomgewicht:

 $A_{Pb} = 207{,}19 \text{ g mol}^{-1}$
 $A_{Al} = 26{,}98 \text{ g mol}^{-1}$
 $A_{\alpha-Fe} = 55{,}85 \text{ g mol}^{-1}$

 Gitterkonstanten:

 $a_{Pb} = 0{,}495 \cdot 10^{-9} \text{ m}$
 $a_{Al} = 0{,}4049 \cdot 10^{-9} \text{ m}$
 $a_{\alpha-Fe} = 0{,}2866 \cdot 10^{-9} \text{ m}$

1.2 Elektronen

1. Bild F1.1 zeigt die für Wasserstoffelektronen möglichen Energieniveaus. Welche Wellenlänge besitzt ein Photon, das beim Übergang eines Elektrons von der 2. zur 1. Schale emittiert wird?

2a) Geben Sie die Bezeichnung für die Elektronenstruktur des Fe–Atoms an!
 b) Warum gehört das Eisen zu den Übergangselementen(–metallen)?

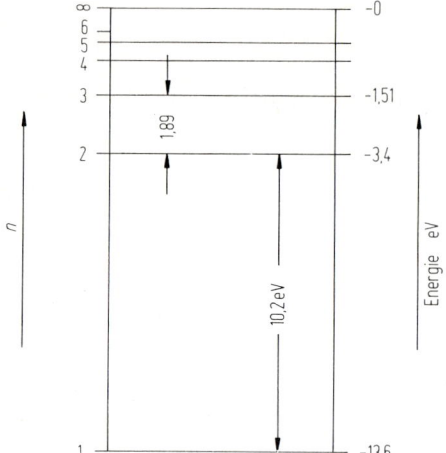

Bild F1.1

3a) Skizzieren Sie den qualitativen Verlauf der Dichte ρ und der Schmelztemperatur T_{kf} über dem Ordnungszahlbereich $Z = 20\text{–}30$!
 b) Diskutieren Sie diese Kurven in bezug auf die Elektronenstruktur der betroffenen Elemente!

1.3 Bindung der Atome

1. Beschreiben Sie die wesentlichen Merkmale der vier Bindungstypen in der Reihenfolge abnehmender Bindungsenergie!

2. Die drei Werkstoffgruppen mit ihren jeweiligen charakteristischen Eigenschaften konstituieren sich aus der Art ihrer Bindungstypen. Beschreiben Sie, wie?

3. Was versteht man unter der Koordinationszahl (KZ)? Skizzieren Sie die Kristallgitter für $KZ = 4, 6, 8, 12$!

4. Bei der thermischen Ausdehnung fester Stoffe nimmt das Volumen mit steigender Temperatur zu. Beschreiben Sie die Ursache dieses Effektes!

5. Kohlenstoff wird als Werkstoff in drei verschiedenen Strukturen angewandt. Skizzieren Sie diese Strukturtypen und geben Sie jeweils eine charakteristische Eigenschaft an!

1.4 Kristalle

1. Wie unterscheiden sich die Strukturen von metallischen Kristallen, Flüssigkeiten und Gläsern?

2. Was versteht man unter den folgenden Begriffen:
   a) Kristallstruktur,
   b) Glasstruktur,
   c) Elementarzelle,
   d) Kristallsystem?

3. Das Bild F1.2 zeigt eine orthorhombische Kristallstruktur, in die Atome in unterschiedlicher Lage eingezeichnet sind. Geben Sie
   a) die Ortsvektoren dieser Atome und
   b) die Kristallrichtungen
   an, die man erhält, wenn man vom Ursprung aus Geraden durch diese Atome legt!

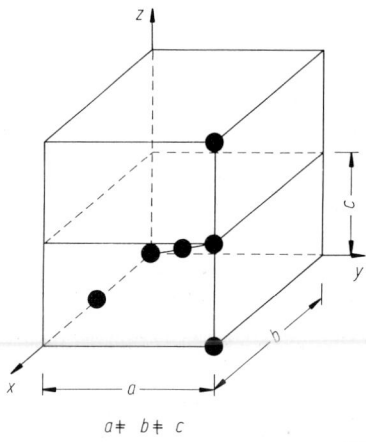

$a \neq b \neq c$
$\alpha = \beta = \gamma = 90°$

Bild F1.2

4. Wie groß ist der Winkel in einem kubischen Kristall zwischen den Richtungen:
   a) [111] und [001]
   b) [111] und [$\bar{1}\bar{1}$1] ?

5. Geben Sie die Millerschen Indizes der in Bild F1.3 schraffiert eingezeichneten Kristallebenen an!

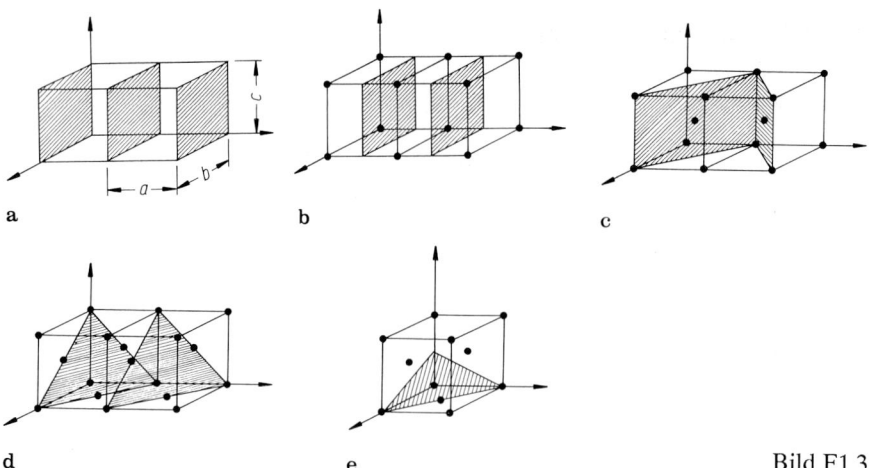

Bild F1.3

6a) Geben Sie die Millerschen Indizes (hkl) der dichtest gepackten Ebenen im kfz– und krz–Kristallgitter an!

b) Berechnen Sie den Netzebenenabstand d der dichtest gepackten Ebenenscharen in Cu und α–Fe (a_{Cu} = 0,3615 nm; $a_{\alpha-Fe}$ = 0,2866 nm)!

c) Welche speziellen Ebenen gehören zum Ebenentyp {100}, {111} und {110}?

7. Die hexagonal dichteste (hdp) und die kubisch dichteste (kfz) Kugelpackung besitzen die gleiche dichtestmögliche Packungsdichte. Worin besteht dennoch ein Unterschied zwischen den beiden?

8. Ein tetragonal raumzentriertes (trz) Gitter von Fe–C–Martensit hat die Gitterkonstante a = 0,28 nm und c/a = 1,05. Wie groß sind die kleinsten Atomabstände x in folgenden Richtungen: [111], [110], [101]?

9. Warum sind Al–Legierungen viel besser verformbar als Mg–Legierungen?

10. Nennen Sie zwei Anwendungen in der Technik, für die Einkristalle als Bauteil eingesetzt werden!

1.5 Baufehler des Kristallgitters

1. In welcher Weise wirken Gitterbaufehler ganz allgemein auf die Eigenschaften von Metallen?

2. Welche Ebenen der mikroskopischen Struktur sind in Metallen zu unterscheiden?

3. Nennen Sie mindestens je ein Beispiel für 0–, 1–, 2–dimensionale Baufehler sowie die Dimension ihrer Dichte (Konzentration)!

4. Unter welchen Bedingungen können Leerstellen in Kristallstrukturen entstehen?

5. Worauf beruht die Mischkristallfestigkeit?

6. Bild F1.4 ist eine elektronenmikroskopische Aufnahme von γ–Fe. Bestimmen Sie aus diesem Bild die Versetzungsdichte (Dicke der Folie $d = 100$ nm)!

Bild F1.4

7. Gegeben sind folgende Burgersvektoren von Versetzungen im kubisch flächenzentrierten Gitter:

   $b_1 = a\ [100]$, $b_2 = a/3\ [111]$, $b_3 = a/6\ [211]$, $b_4 = \frac{a}{2}\ [110]$.

   Welches sind vollständige, welches Teilversetzungen, welches ist die wahrscheinlichste Gleitversetzung?

8. Erläutern Sie die "Burgersvektor–Quadrat–Regel" für die Aufspaltung oder Vereinigung von Versetzungen an Knotenpunkten!

1.6 Flächenförmige Baufehler

1a) Ermitteln Sie den mittleren Korndurchmesser $\bar{d}$ aus der lichtmikroskopischen Aufnahme (Bild F1.5)!
b) Ist der ermittelte Wert größer oder kleiner als die wirkliche Korngröße (Begründung)?

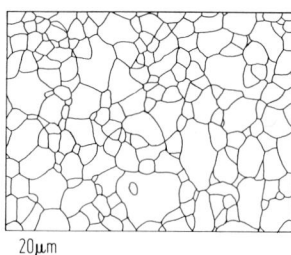

Bild F1.5

2. Welcher Zusammenhang besteht zwischen Korngrenzendichte (Korngröße) und dem Kriechverhalten (Warmfestigkeit) von Legierungen? Welcher metallische Werkstoff zeigt das beste Kriechverhalten?

3. Kennzeichnen Sie (einfache Skizze) die Struktur von einer
   a) Großwinkelkorngrenze,
   b) Kleinwinkelkorngrenze,
   c) Zwillingskorngrenze!

4. Nennen Sie das geometrische Prinzip für die Beschreibung der Kornorientierungsverteilung in gewalzten Blechen!

5. Kennzeichnen Sie den Begriff Stapelfehler mit Hilfe der Stapelfolge von (111)—Ebenen des kubisch flächenzentrierten Gitters!

1.7 Gläser

1. In welchen Werkstoffgruppen können Glasstrukturen erzeugt werden?

2. Unter welchen Bedingungen entstehen metallische Gläser?

3. Welche Möglichkeiten für Glasstrukturen gibt es in hochpolymeren Werkstoffen?

4. Erläutern Sie die Begriffe:
   a) Isotropie,
   b) Anisotropie,
   c) Quasiisotropie
   am Beispiel von Gläsern und Vielkristallen (Kristallhaufwerken)!

2 Aufbau mehrphasiger Stoffe

2.1 Mischphasen und Phasengemische

1. Definieren Sie die Begriffe: Phase, Komponente, Phasengemisch, Mischphase (Mischkristall)!

2. Wodurch ist die Mischkristallhärtungswirkung eines bestimmten Elementes begrenzt?

3. Nennen Sie 5 Werkstoffe, die aus Phasengemischen aufgebaut sind!

4. Nennen Sie 3 Methoden zur Herstellung von Phasengemischen!

5. Gegeben sind folgende Atomradien R:
   α–Fe   : 0,1241 nm
   Nb   : 0,1430 nm
   Co–(hdp) : 0,1253 nm
   Ni   : 0,1246 nm
   Mo   : 0,1363 nm
   Welche Reihenfolge der Löslichkeit dieser Elemente in α–Fe (Ferrit) ist zu erwarten?

2.2 Ein- und zweiphasige Zustandsdiagramme

1. Welche drei Möglichkeiten zur quantitativen Kennzeichnung der chemischen Zusammensetzung eines Werkstoffes gibt es?

2. Zeichnen Sie das Zustandsdiagramm von reinem Eisen für p = const. = 1 bar (≙ 1 at).

3. Skizzieren Sie schematisch die fünf Grundtypen von binären Zustandsdiagrammen:
   a) Völlige Unmischbarkeit im flüssigen und festen Zustand der Komponenten!
   b) Völlige Mischbarkeit im kristallinen und flüssigen Zustand der Komponenten!
   c) Ein eutektisches System!
   d) Ein peritektisches System!
   e) Die Bildung einer Verbindung!

4. Welche Informationen liefert das Zustandsdiagramm für die Wärmebehandlung von Werkstoffen?

5. Welche Darstellungsmöglichkeiten für ternäre Zustandsdiagramme gibt es?

6. Wie ist das thermodynamische Gleichgewicht definiert?

7. Welche Faktoren begünstigen die Entstehung von Gefügen entsprechend dem metastabilen Gleichgewicht?

8. Nennen Sie zwei metallische Elemente, bei denen das stabile Gleichgewicht eine Rolle spielt!

2.3 Das System Al-Si

Gegeben ist das Zustandsdiagramm Al–Si (Bild F2.1).

1. Wie groß ist die maximale Löslichkeit von Si in Al und Al in Si?

2. Silumin ist der Handelsname einer Al–Si Gußlegierung. Geben Sie die günstigste Zusammensetzung in At.% für diese Legierung an und begründen Sie Ihre Antwort mit dem Zustandsdiagramm, insbesondere, warum gerade diese Zusammensetzung für eine Gußlegierung geeignet ist!

3. Bilden Al und Si chemische Verbindungen?

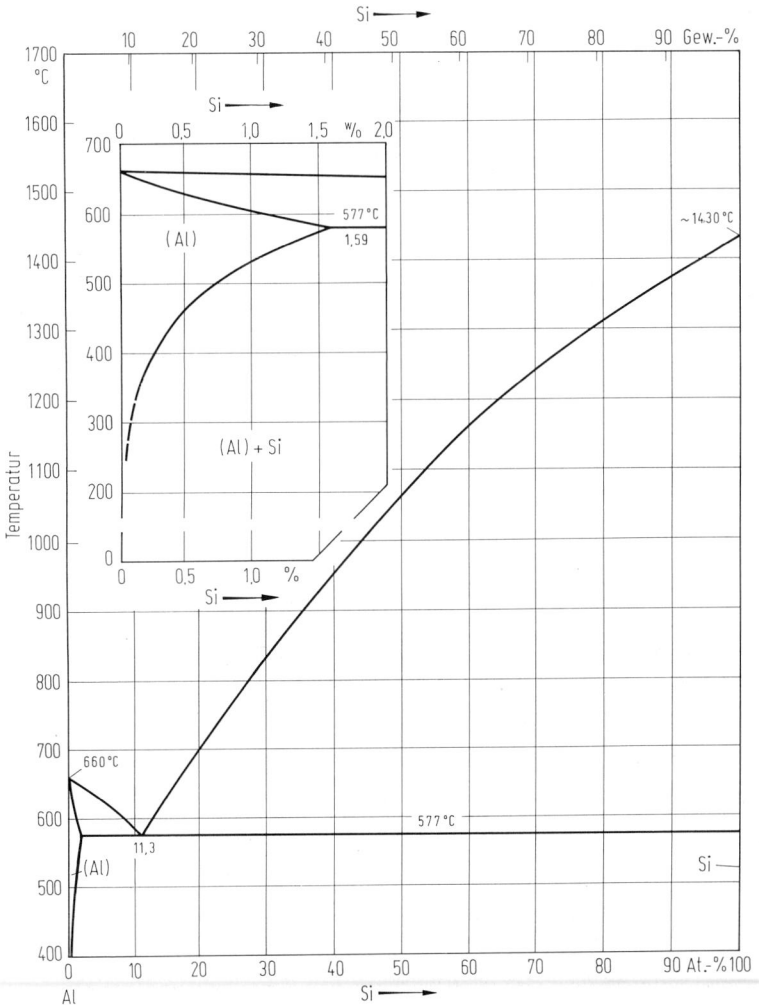

Bild F2.1

4. Bestimmen Sie für die Legierungszusammensetzung 50 At.% Al–50 At.% Si die Mengenanteile der festen und flüssigen Phase bei T = 800 °C (Hebelgesetz)!

5. Begründen Sie mit der Gibbschen Phasenregel, wieso die eutektische Reaktion nur bei einer bestimmten Temperatur und nicht in einem ganzen Intervall erfolgt!

2.4 Das metastabile Zustandsdiagramm Fe-Fe₃C

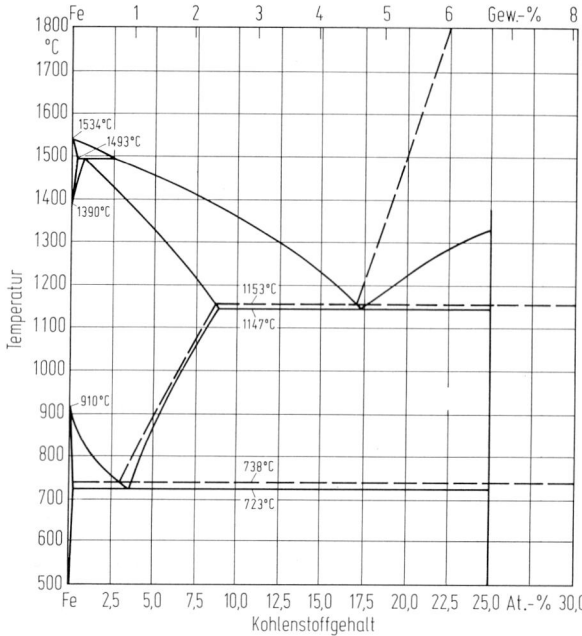

Bild F2.2

1. Kennzeichnen Sie
   a) die im Zustandsdiagramm enthaltenen Phasen (auch mit den technischen Namen) und
   b) die auftretenden 3–Phasengleichgewichte.

2. Wie und warum unterscheidet sich die Löslichkeit von C in α–Fe und γ–Fe?

3. Zeichnen Sie unter das metastabile Fe–Fe₃C Diagramm ein Schaubild für die nach langsamer Abkühlung auftretenden Gefügeanteile (metastabil)!

4. In welchem Bereich liegt die chemische Zusammensetzung von
   a) Baustählen,
   b) Werkzeugstählen,
   c) Gußeisen?

2.5 Keimbildung und Erstarrung

1. In welchen Aggregatzuständen können Metalle auftreten?

2. Aus welchen Aggregatzuständen kann direkt ein massiver Werkstoff gewonnen werden? Geben Sie jeweils ein technisches Beispiel an!

3. Welchen Verlauf hat das Temperatur–Zeit–Diagramm beim Abkühlen von geschmolzenem Aluminium (Abkühlungskurve)?

4. Definieren Sie den Begriff "unterkühlte Schmelze"!

5. Was versteht man unter
   a) homogener,
   b) heterogener
   Keimbildung (Gleichung)?

6. Welches Gefüge erhält man durch gerichtete eutektische Erstarrung und für welche Legierungen wird dieser Prozeß angewandt?

7. Beschreiben Sie die sogenannte Schmelzüberhitzung am Beispiel eines karbidhaltigen Stahls!

8. Was versteht man unter dem Impfen einer Schmelze?

9. Was ist die Ursache für die Ausbildung eines dendritischen Gefüges?

10. Unter welchen Bedingungen erhält man beim Abkühlen aus dem flüssigen Zustand
    a) ein feinkörniges Gefüge,
    b) einen Einkristall?

11. Skizzieren Sie schematisch die Entstehung von
    a) Lunkern,
    b) Poren
    beim Erstarren einer Gußlegierung in einer
    a) offenen,

b) geschlossenen
   Kokille!

12. In welchen technischen Bereichen liegen Anwendungsmöglichkeiten von Vielstoffeutektika?

3 Grundlagen der Wärmebehandlung

3.1 Wärmebehandlung

1. Nennen Sie einige technisch wichtige, diffusionsbestimmte Festkörperreaktionen!

2. Was geschieht bei einer Wärmebehandlung metallischer Werkstoffe und was soll durch sie ganz allgemein erreicht werden?

3. Nennen Sie vier Beispiele für Wärmebehandlungen metallischer Werkstoffe mit ihrem jeweiligen Ziel.

4. Beschreiben Sie qualitativ das Entstehen von Eigenspannungen in einem zylinderförmigen Werkstück (Skizze) beim schnellen Abkühlen von einer Wärmebehandlungstemperatur von 800 °C für
    a) Kupfer,
    b) Jenaer Glas,
    c) Werkzeugstahl mit 0,8 Gew.% C!

5. Leiten Sie den Begriff "Schweißbarkeit" aus der Struktur und den mechanischen Eigenschaften der Wärmeeinflußzone in der Umgebung einer Schweißnaht ab für
    a) Stähle,
    b) Aluminium!

3.2 Diffusion

1. Welche Möglichkeiten für die Bildung atomarer (molekularer) Phasen gibt es im gasförmigen, flüssigen und kristallinen Zustand der Komponenten?

2. Beschreiben Sie kurz den Vorgang der Diffusion! Wie kann sie quantitativ beschrieben werden?

3. Warum unterscheidet sich die Diffusion von C–Atomen in α–Fe (krz) und γ–Fe (kfz)?

4. Die lichtmikroskopische Untersuchung der aufgekohlten Schicht (Dicke Δx) eines Einsatzstahls (z. B. C15) führt bei einer Temperatur von T = 850 °C und einer Glühdauer von t = 0,5 h zu einer Einhärtetiefe von x = 0,3 mm. Die Einsatztiefe soll nun verdreifacht werden.

   Geg.: C in γ–Fe: $D_0 = 0{,}2 \cdot 10^{-4}$ m^2/s, Q = 130 kJ/mol, R = 8,314 J/molK.
   a) Wie lange muß geglüht werden, wenn die Glühtemperatur gleich bleibt?
   b) Wie stark muß die Glühtemperatur angehoben werden, wenn die Glühdauer unverändert bleiben soll?

5. Erörtern Sie die Struktur und die Eigenschaften der beim Einsatzhärten, Nitrieren und Borieren erzeugten Schichten anhand der Zustandsdiagramme Fe–Fe$_3$C, Fe–N, Fe–B (Bild F3.1)! Welche Rolle spielt Al als Legierungselement in Nitrierstählen?

6. Ein Einsatzstahl C10 soll in der Oberfläche auf einen C–Gehalt von 0,8 Gew.% aufgekohlt werden. Das zur Verfügung stehende Aufkohlungsmittel (AM) hat eine wirksame Kohlenstoffkonzentration von c_{AM} = 1,6 Gew.% C. Berechnen und zeichnen Sie den Konzentrationsverlauf über der Eindringtiefe für die Glühzeiten $t_1 = 10^4$ s und $t_2 = 10^5$ s bei einer Glühtemperatur von T = 940 °C und unter der Voraussetzung, daß sowohl das Glühmedium als auch das Bauteil als einseitig unendliche Halbräume vorausgesetzt werden können (siehe Bild F3.2)! Der Diffusionskoeffizient $D_{940°} = 5 \cdot 10^{-11}$ m^2/s soll unabhängig von der Konzentration sein.

3 Grundlagen der Wärmebehandlung

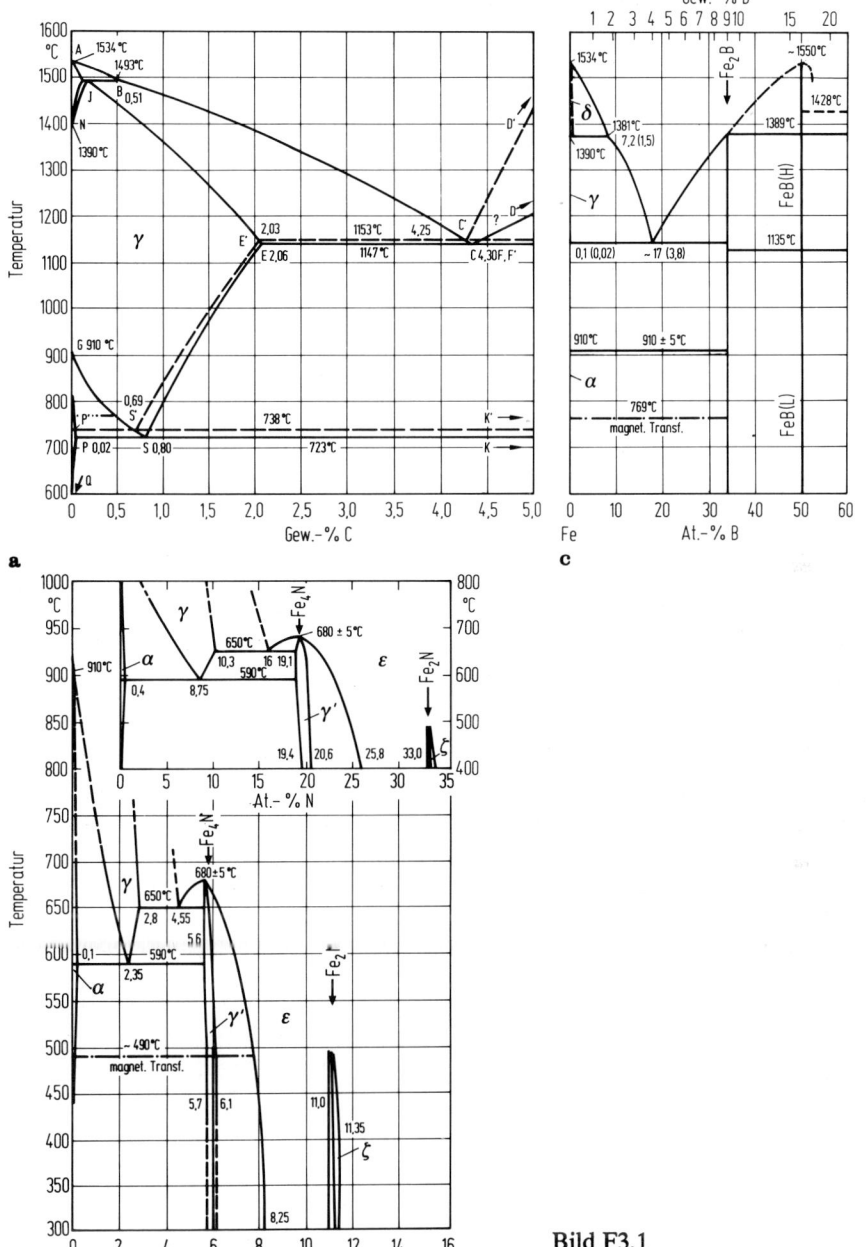

Bild F3.1

Bild F3.2

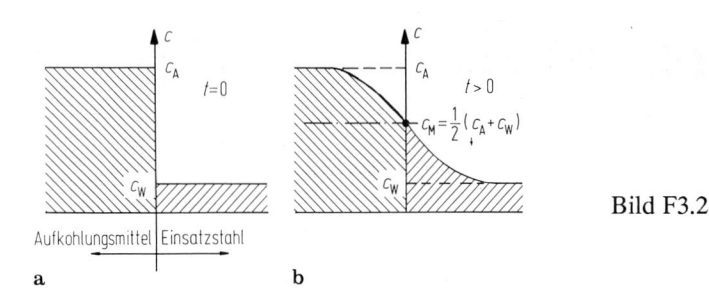

3.3 Rekristallisation

1. Welches sind die Voraussetzungen für das Auftreten der Rekristallisation?

2. Nennen Sie drei Ziele, die mit der Rekristallisationsglühung angestrebt werden können!

3. Nennen Sie drei mögliche Orte in einer Mikrostruktur, an denen die Rekristallisation beginnen kann!

4. Welche Möglichkeiten zur Erzeugung von feinkörnigen Gefügen kennen Sie?

5. Das Weichglühen eines Stahls ist bei T = 600 °C nach einer Zeit von t_1 = 3 h abgeschlossen. Bei welcher Temperatur muß geglüht werden, wenn die Wärmebehandlung nach t_2 = 0,5 h abgeschlossen sein soll? (R = 8,314 J/molK, Q_{SD} = 240 KJ/mol)

3.4 Aushärtung

1. Kennzeichnen Sie kurz folgende Reaktionstypen im festen Zustand:
   a) Erholung,
   b) Entmischung,
   c) Umwandlung!

2. Beschreiben Sie den Verlauf der Ausscheidung, der im Zustandsdiagramm Al–Cu gestrichelt eingezeichneten Legierung (Bild F3.3) an Hand eines Zeit–Temperatur–Diagramms.

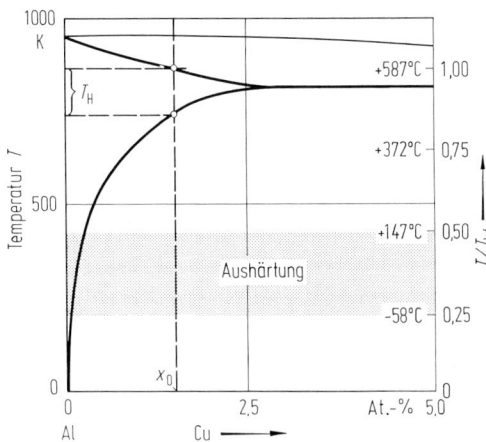

Bild F3.3

3. Welche Gleichung beschreibt die Temperaturabhängigkeit des Beginns der Ausscheidung?

4. Welches Gefüge wird zum Herbeiführen der Ausscheidungshärtung angestrebt, welches sind ungünstige Gefüge?

5. In welchem Bereich des Zustandsdiagramms (T, X) können feindisperse Gefüge hergestellt werden?

6. Beschreiben Sie die Wärmebehandlung zur Herbeiführung der Ausscheidungshärtung mit Hilfe des T–x– und T–t–Diagramms!

7. Erläutern Sie den Begriff der thermo–mechanischen Behandlung und beschreiben Sie ausführlich die zwei Beispiele des Austenitformhärtens und der martensitaushärtenden Stähle!

8. Erläutern Sie die Vorgänge, die beim isothermen Anlassen eines übersättigten Mischkristalls ablaufen!

3.5 Martensitische Umwandlung

1. Nennen Sie drei wichtige Anwendungen der martensitischen Umwandlung!

2. Nennen Sie zwei wichtige Kennzeichen der martensitischen Phasenumwandlung!

3. Welche Kristallstruktur entsteht durch die martensitische Umwandlung der kfz–Phase (Austenit) von Fe–C–Legierungen?

4. Erläutern Sie die Martensit–Start–Temperatur M_s mit Hilfe des Freie–Energie–Temperatur Diagramms!

5. Wo erscheint die martensitische Umwandlung im ZTU–Diagramm (Skizze) eines untereutektoiden Fe–C–Stahls?

6. Wodurch kann die Martensit–Start–Temperatur beeinflußt werden?

7. Warum ist für die martensitische Umwandlung eine Unterkühlung notwendig?

8. Welches sind die Voraussetzungen für die Herstellung eines Stahls mit austenitischer Kristallstruktur?

9. Wie ändert sich der Mengenanteil der martensitisch umgewandelten Phase in Abhängigkeit von der Temperatur? Zeichnen Sie die M_s–, M_f–, A_s–, A_f–Temperaturen ein und erklären Sie, was sie bedeuten.

3.6 Wärmebehandlung und Fertigung

1. Nennen Sie mindestens je ein Beispiel für die Erwärmung eines Werkstoffes in

   a) der Fertigung und
   b) im Gebrauch,
   die einmal beabsichtigt und einmal unbeabsichtigt ist!

2. Geben Sie für die in der Frage 1 auftretenden Fälle an, welche absichtlichen oder unabsichtlichen Gefüge– und Eigenschaftsänderungen eintreten!

3. Nennen Sie vier Beispiele für Fertigungsverfahren, bei denen Reaktionen im festen Zustand eine wichtige Rolle spielen!

4 Mechanische Eigenschaften

4.1 Arten der Beanspruchung

1. Kennzeichnen Sie qualitativ die Art der Beanspruchung des Werkstoffes unter Betriebsbedingungen:
   a) Stahlseil eines Förderkorbes,
   b) Rotorblatt eines Hubschraubers,
   c) Gleitlagerschale,
   d) Generatorwelle (horizontale Lagerung),
   e) Hüllrohr eines Reaktorbrennelementes,
   f) Gasturbinenschaufel!

2. Kennzeichnen Sie qualitativ die Beanspruchung des Werkstoffs bei der Fertigung:
   a) Schneiden eines Werkzeugs bei spanabhebender Bearbeitung,
   b) Walzen beim Kalt- und Warmwalzen,
   c) Drahtwerkstoff beim Ziehen,
   d) Werkstoff beim Streck- und Tiefziehen,
   e) Werkzeugwerkstoff bei der Extrusion von GFK (Glasfaserverstärkter Kunststoff)!

4.2 Elastizität

1. Erläutern Sie (Skizze) folgende Begriffe:
   a) linear elastisches Verhalten,
   b) Gummielastizität,
   c) Viskoelastizität,
   d) Elastizitätsgrenze!

2. Eine Al–Legierung hat die Streckgrenze $R_{p0,2}$ = 300 MPa, den Elastizitätsmodul E = 72.000 MPa und die Querkontraktionszahl ν = 0,34. Wie groß ist der
   a) elastische Verformungsgrad,
   b) Gesamtverformungsgrad,
   bei einachsiger Zugbeanspruchung mit $\sigma \equiv R_{p0,2}$ parallel und senkrecht zu dieser Beanspruchungsrichtung bei Isotropie?

3. Wieviele Konstanten sind zur Beschreibung eines isotropen Werkstoffes notwendig und welches sind die vier in der Technik benutzten Konstanten?

4. Berechnen Sie den E–Modul eines Faserverbundwerkstoffs parallel und quer zur Faserrichtung:

   $E_{Duromer}$ = 50 · 10^2 MPa
   $E_{Kohlefaser}$ = 50 · 10^4 MPa
   $f_{Kohlefaser}$ = 0,2 (Volumenanteil)

5. Beschreiben Sie das elastische Verhalten von grauem Gußeisen mit lamellarem Graphit!

4.3 Formänderung

1. Beschreiben Sie die mikrostrukturellen Vorgänge bei der Verformung eines kristallinen Werkstoffs!

2. Bis zu welchem nominellen Verformungsgrad ϵ kann auf die Anwendung der wahren Verformung φ verzichtet werden, wenn 1% Genauigkeit verlangt wird?

3. Die Querkontraktionszahl beträgt ν = 0,33 für einen Stahl mit der Streckgrenze R_p = 300 MPa. Wie groß ist die Volumenänderung unter einer Zugspannung von σ = 0,8 R_p (E = 215 · 10^3 MPa)?

4. Wie groß ist die Volumenänderung bei einer plastischen Verformung von φ = +2?

5. Definieren Sie die Begriffe:
   a) elastische Verformung,

b) plastische Verformung,
c) Gleichmaßdehnung,
d) Bruchdehnung,
e) Brucheinschnürung!

6. Wie ist der ebene Dehnungs– und wie der ebene Spannungszustand definiert?

7. Welche zwei Möglichkeiten einer thermischen Ausdehnung kennen Sie?

8. Definieren Sie die Begriffe Kriechen und Superplastizität!

9. Nennen Sie Möglichkeiten zur Verbesserung der Kriechfestigkeit!

4.4 Zugversuch

1. Erläutern Sie die Begriffe (Gleichungen):
 a) Elastizitätsmodul,
 b) Querkontraktionszahl,
 c) Streckgrenze,
 d) Zugfestigkeit!

2. Erläutern Sie das Auftreten einer maximalen Zugkraft F_{max} beim Zerreißversuch eines verfestigenden Werkstoffs!

3. Definieren Sie
 a) den Verfestigungskoeffizienten,
 b) den Verfestigungsexponenten!

4. Skizzieren Sie die Spannungs–Dehnungs–Kurve von Werkstoffen mit folgenden Eigenschaften (Beispiel):
 a) ideal spröde und linear elastisch,
 b) spröde und nicht–linear elastisch,
 c) niedrige Streckgrenze und bei plastischer Verformung stark verfestigend,
 d) hohe Streckgrenze und bei plastischer Verformung wenig verfestigend,
 e) ideal plastisch!

4.5 Härtungsmechanismen

1. Erklären Sie mit Hilfe von Gitterversetzungen (Skizze) das Entstehen von Gleitstufen!

2. Erläutern Sie die Ursache einer ausgeprägten Streckgrenze bei vielen Baustählen (St 37)!

3. Welche Möglichkeiten zur Erhöhung der Streckgrenze von Metallen (Härtungsmechanismen) gibt es?

4. Berechnen Sie die Festigkeitssteigerung $\Delta\tau_T$ durch eine Dispersion von kleinen Teilchen nach der Orowan–Beziehung (G = 28.000 MPa, b = 0,4 nm, D_T = 0,2 µm)!

5. Definieren Sie die theoretische Schubfestigkeit τ_{th} und die theoretische Reißfestigkeit σ_{th}! Wie können diese beiden Werte abgeschätzt werden?

6. Welche Bedingung muß erfüllt sein, um die theoretische Schubspannung τ_{th} in Metallkristallen erreichen zu können?

7. Wovon hängt es ab, ob ein Kristall bei Belastung spröde reißt oder vorher abgleitet?

4.6 Kerbschlagarbeit, Bruchzähigkeit

1a) Wie ist die Kerbschlagarbeit definiert?
 b) Was läßt sich über das Bruchverhalten eines Werkstoffes mit einer hohen oder mit einer niedrigen Kerbschlagarbeit aussagen?

2. Nennen Sie Beispiele, für die Ihnen der Kerbschlagbiegeversuch als ein geeignetes mechanisches Prüfverfahren erscheint!

3. Das Bild F4.1 zeigt eine Kraft–Rißaufweitungskurve, wie sie in einem K_{Ic}–Versuch an einem Vergütungsstahl (55 Cr 3) gemessen wurde. Sie sollen diesen Versuch auswerten und dabei folgende Fragen beantworten:

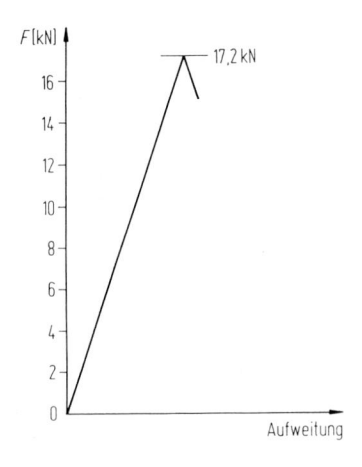

4 Mechanische Eigenschaften

Bild F4.1 (F [kN] über Aufweitung, Maximum bei 17,2 kN)

a) Was versteht man unter der Bruchzähigkeit eines Werkstoffes?
b) Geben Sie die allgemeine Gleichung für die Spannungsintensität K an und erläutern Sie deren Bedeutung!
c) Beschreiben Sie die wesentlichen Merkmale des Versuchsaufbaus, der Probenform und der Versuchsdurchführung eines K_{Ic}-Versuches!
d) Das Diagramm in Bild F4.1 wurde an einer CT (compact tension)-Probe ermittelt, für die die kritische Spannungsintensität nach folgender Formel berechnet wird:

$$K = \frac{F}{d\sqrt{B}} \frac{(2+\frac{a}{B})}{(1-\frac{a}{B})^{1,5}} \cdot \left[0,886 + 4,64\frac{a}{B} - 13,32(\frac{a}{B})^2 + 14,72(\frac{a}{B})^3 - 5,6(\frac{a}{B})^4\right]$$

(nach: ASTM E 399–78).

Gegeben:
a_c = 24,595 mm
d = 12,570 mm
B = 50 mm
$R_{p0,2}$ = 1460 MPa

Berechnen Sie die Spannungsintensität K_{Ic}!
e) Wie hängt die Spannungsintensität von der Dicke d der Probe ab (Skizze)?
f) Überprüfen Sie mit dem Dickenkriterium, ob die in d) ermittelte Spannungsintensität ein Werkstoffkennwert ist!

4. Stellen Sie eine Energiebetrachtung für eine instabile Rißausbreitung nach Griffith an und erklären Sie die Bedeutung der Energiefreisetzungsrate (Rißausbreitungskraft) G!

4.7 Schwingfestigkeit, Ermüdung

1. Geben Sie die drei möglichen dynamischen Belastungsfälle für Laborermüdungsversuche in einem σ–t Diagramm an und kennzeichnen Sie folgende Größen: σ_o, σ_u, σ_m, σ_a, R.

2. Zeichnen Sie ein Wöhlerdiagramm und kennzeichnen Sie folgende Größen: R_m, Wechselfestigkeit, Zeit– und Dauerfestigkeitsbereich!

3. Welche Größen werden in einem
   a) spannungs– und
   b) dehnungskontrollierten Ermüdungsversuch
   konstant gehalten?

4. Zug/Druck–Ermüdungsversuche können spannungs– oder verformungskontrolliert durchgeführt werden. Zeichnen Sie gemäß den Angaben in a–d jeweils ein zyklisches Spannungs–Dehnungs–Diagramm, das den prinzipiellen Kurvenverlauf vom ersten Lastwechsel bis zur Sättigung wiedergibt. Zeichnen Sie zusätzlich für jeden Fall jeweils drei Einzeldiagramme für σ_a, ϵ_{ges} (= ϵ_{el} + ϵ_{pl}) und ϵ_{pl} über der Lastwechselzahl N ($\sigma_m = 0$):
   a) σ_a = konst., ϵ_{pl} = 0,
   b) σ_a = konst., Werkstoff entfestigt,
   c) ϵ_{pl} = konst., Werkstoff verfestigt,
   d) ϵ_{ges} = konst., Werkstoff verfestigt!

5. Gegeben ist ein Wöhlerdiagramm für einen warmfesten austenitischen Stahl (X5 NiCrTi 26 15) (Bild F4.2). Welche Restlebensdauer bis zum Bruch ergibt sich nach der linearen Schadensakkumulationshypothese, wenn eine Probe bereits durch zwei Lastkollektive
   – σ_{a1} = 500 MPa, $n_1 = 10^4$ LW,
   – σ_{a2} = 350 MPa, $n_2 = 4{,}9 \cdot 10^5$ LW

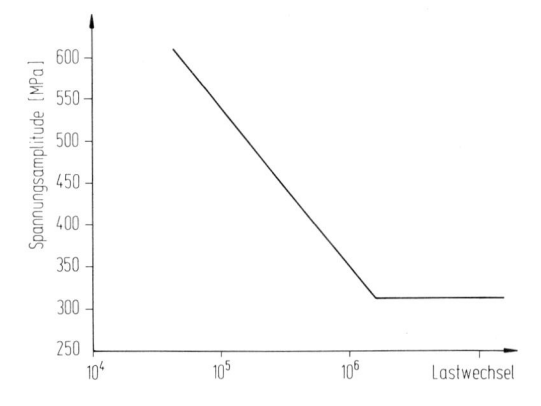

Bild F4.2

belastet worden ist und unter der Spannung σ_{a3} = 400 MPa weitergefahren werden soll?

4.8 Bruchmechanismen

1. Beschreiben Sie die einzelnen Stadien bis zum Bruch eines Bauteils, das infolge einer schwingenden Beanspruchung versagt!

2. Warum tritt bei einer schwingenden Beanspruchung eines Bauteils die Rißbildung bevorzugt an der Oberfläche auf?

3. Was versteht man unter Schwingstreifen? Skizzieren Sie ihre Entstehung!

4. Das Bild F4.3 zeigt den typischen Kurvenverlauf eines bruchmechanischen Rißausbreitungsversuchs:
   a) Wie ermittelt man die Rißgeschwindigkeit da/dN?
   b) Ist ΔK während des Versuchs konstant?
   c) Welche Gleichung beschreibt den nahezu linearen Verlauf der Kurve im Bereich II?
   d) Gegen welche Grenzwerte strebt die Kurve für eine immer kleiner und immer größer werdende Rißgeschwindigkeit?

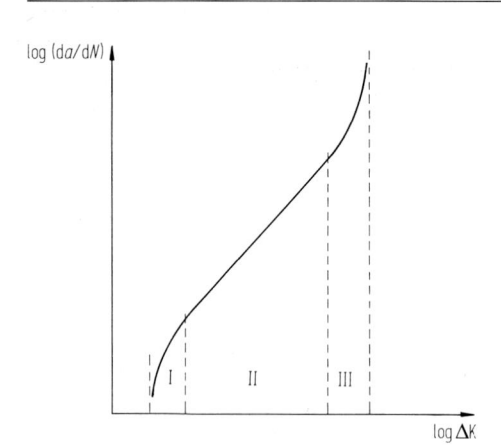

Bild F4.3

4.9 Viskosität, Viskoelastizität

1. Kennzeichnen Sie den Unterschied von viskosem und viskoelastischem Verhalten (z. B. anhand eines Verformungs–Zeit–Diagramms)!

2. Welches Fließgesetz gilt für
  a) Metallschmelzen,
  b) Polymerschmelzen,
  c) nassen Ton?

3. Wie wird die Dämpfungsfähigkeit eines Werkstoffs gemessen?

4. Welches sind die Ursachen der Dämpfung von Schwingungen in Metallen, Hochpolymeren?

4.10 Technologische Prüfverfahren

1. Definieren Sie die Härte eines Werkstoffs!

2. Welcher Zusammenhang besteht zwischen der Härte und dem Spannungs–Dehnungs–Diagramm?

3. Durch welche drei maßgeblichen Faktoren wird der Reibungskoeffizient bestimmt?

4. Definieren Sie die Begriffe Verschleißsystem, Verschleißrate, Verschleißkoeffizient!

5. Welcher Zusammenhang besteht zwischen der Härte und dem Verschleißwiderstand?

5 Physikalische Eigenschaften

5.1 Werkstoffe im Kernreaktorbau

1. Skizzieren Sie die wichtigsten Bauteile eines wassergekühlten Kernreaktors und geben Sie die Funktion der jeweiligen Werkstoffgruppen an!

2. Definieren Sie den
   a) mikroskopischen,
   b) makroskopischen Wirkungsquerschnitt!

3. Welche Arten von Wirkungsquerschnitten spielen im Kernreaktor eine Rolle?

4. Beschreiben Sie das Beanspruchungsprofil des Hüllrohrs eines Brennelements und begründen Sie die Wahl der dafür geeigneten Werkstoffe!

5a) Welche Art von Defekten (Strahlenschäden) entstehen in Werkstoffen, die der Neutronenbestrahlung im Kernreaktor ausgesetzt sind?
   b) Welche mechanische Eigenschaft wird dadurch verschlechtert?

5.2 Elektrische Leiter

1. Wie unterscheidet sich für Leiter und Isolatoren
   a) die Bandstruktur,
   b) der elektrische Widerstand,
   c) dessen Temperaturkoeffizient?

2. Silber (bester Leiter) wird durch gleiche Stoffmengenanteile an Fe und Al verunreinigt. Wie ändert sich die elektrische Leitfähigkeit (Fe unlöslich, Al löslich in Ag)?

3. Es besteht die Aufgabe, einen Werkstoff mit hoher Leitfähigkeit und gleichzeitig hoher Härte (z. B. für einen Stromabnehmer mit hohem Verschleißwiderstand) zu entwickeln. Welchen prinzipiellen Aufbau sollte der Werkstoff haben?

4. Wie unterscheidet sich die Wärmeleitfähigkeit von
   a) Baustahl (St 37),
   b) austenitischem Stahl (X Cr Ni 188),
   c) reinem Eisen?

5.3 Ferromagnetische Werkstoffe

1. Definieren Sie anhand der Magnetisierungskurve die Begriffe hartmagnetische und weichmagnetische Werkstoffe!

2. Nennen Sie jeweils drei Anwendungen für beide Werkstoffgruppen!

3. Begründen Sie die Wahl der chemischen Zusammensetzung und der Mikrostruktur für die Optimierung der Eigenschaften von Transformatorenblechen.

4. Beschreiben Sie den Aufbau von Magnetspeichern!

5. In welchen Atomarten und Phasen tritt Ferromagnetismus auf?

6. Was versteht man unter der magnetischen Härtung? Welches sind ihre mikroskopischen Voraussetzungen bzw. Kennzeichen?

5.4 Halbleiter

1. Wie unterscheidet sich ein Halbleiter (Beispiele) von Isolator und Leiter?

2. Definieren Sie (mit Hilfe der Kristallstruktur und des Bandmodells) die n– und p–Leitung!

3. Werkstoffe für Halbleiter müssen Einkristalle von höchstem Reinheitsgrad sein (1 Fremdatom pro 10^{10} Eigenatome $\cong$ 99,99999999 At.–%). Diesen hohen Reinheits-

grad erreicht man durch das Zonenschmelz–Verfahren. Beschreiben Sie mit Hilfe eines schematischen Zustandsdiagramms das Prinzip dieses Verfahrens!

4. Erläutern Sie Aufbau und Wirkungsweise einer Halbleiterdiode!

5. Wie werden hochintegrierte Schaltkreise hergestellt?

6 Chemische Eigenschaften

6.1 Korrosion

1. Erläutern Sie kurz die Begriffe:
   - Korrosion,
   - Spannungsrißkorrosion,
   - Rosten,
   - Korrosionsermüdung,
   - Wasserstoffversprödung!

2. Welches sind die drei wichtigsten Vorgänge, die das Leben von Werkstoffen/Bauteilen beenden?

3. Welche Werkstoffgruppe zeigt
   a) bevorzugt
   b) niemals
   Korrosionserscheinungen?

4. Erläutern Sie den Begriff des "korrosionsgerechten Konstruierens" anhand des Elektrodenpotentials der Metalle!

6.2 Elektrochemische Korrosion

1. Gegeben sind die Al–Legierungen
   - Al Cu Zn,
   - Al Zn Mg,
   Bei welchem Werkstoff ist die größere Korrosionsbeständigkeit zu erwarten?

2. Beschreiben Sie die Wirkungsweise eines "Lokalelements" anhand eines Fe–Cu Sinterwerkstoffes!

3. Welche Prozesse treten an der Oberfläche von Fe in
   a) feuchter,
   b) trockener,
   Luft auf?

4. Erläutern Sie den Begriff der Passivierung von Werkstoffen!

5. Beschreiben Sie die anodische Oxidation von Aluminium und deren Wirkung!

6. Nennen Sie mindestens vier verschiedene Verfahren für den Korrosionsschutz von Eisen/Stahl!

7. Leiten Sie das Verzunderungsgesetz (Zusammenhang Schichtdicke, Zeit, Temperatur) für eine festhaftende Schicht ab!

6.3 Spannungsrißkorrosion (SRK)

1. Definieren Sie den Begriff Spannungsrißkorrosion!

2. Welche Werkstoffe sind empfindlich gegen SRK?

3. Wie kann die SRK–Empfindlichkeit eines Werkstoffes im Experiment festgestellt werden?

4. Beschreiben Sie die Versuchsanordnung und Auswertung der Ergebnisse der bruchmechanischen Prüfung der SRK!

5. Welches sind die beiden wichtigsten Möglichkeiten für den Verlauf eines SRK–Risses im Gefüge metallischer Werkstoffe?

7 Keramische Werkstoffe

7.1 Allgemeine Kennzeichnung

1. In welche drei Untergruppen werden die keramischen Stoffe in der Technik eingeteilt?

2. Nennen Sie einige Anwendungsgebiete für jede dieser Gruppen!

3. Wie sind metallische von keramischen Werkstoffen klar zu unterscheiden?

4. Nennen Sie drei kennzeichnende Eigenschaften keramischer Stoffe (bei 20 °C)!

5. Wie hängen Struktur und Toxizität von Asbest zusammen?

7.2 Nicht-oxidische Keramik

1. Nennen Sie die vier strukturellen Formen, in denen Kohlenstoff als Werkstoff verwendet werden kann!

2. Wie lassen sich keramische Werkstoffe mit hoher Temperaturwechselbeständigkeit aus einer Kombination physikalischer Eigenschaften der Phasen ableiten?

3. Welche Voraussetzungen müssen zur Bildung von Phasen mit hohen Werten von E/ρ erfüllt sein (E Elastizitätsmodul, ρ Dichte)? Geben Sie die Gründe hierfür und einige Beispiele an!

4. Nennen Sie drei werkstofftechnische Anwendungen der Boride!

7.3 Oxidkeramik

1. Gegeben ist das Zustandsschaubild SiO_2–Al_2O_3 (Bild F7.1)!
   Zeichnen Sie die oberen Verwendungstemperaturen der Werkstoffe ein, die aus diesen beiden Komponenten und deren Gemischen bestehen!

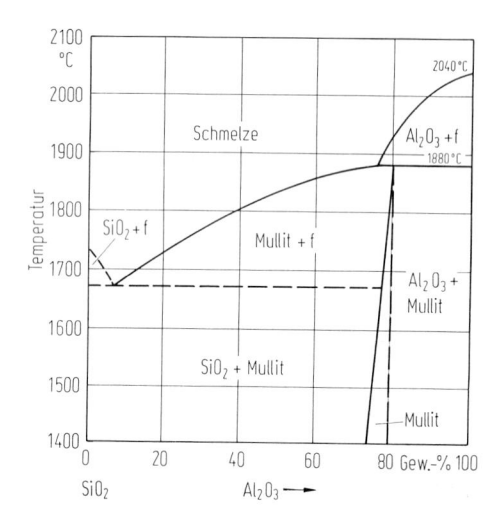

Bild F7.1

2. Gegeben ist das Dreistoffsystem, in dem die Zusammensetzungen aller Mischungen der Komponenten CaO, SiO_2, Al_2O_3 enthalten sind (Bild F7.2)!
   Zeichnen Sie den (ungefähren) Bereich für die Zusammensetzung folgender Stoffe ein:
   – Silikatsteine,
   – Korundsteine,
   – Porzellan,
   – Portlandzement!

3. Worauf beruht die plastische Verformbarkeit von
   a) Metallen,
   b) feuchtem Ton,
   c) Oxidglas?

4. Nennen Sie Vorteile und Nachteile der Verwendung von Keramiken als Hochtemperaturwerkstoffe!

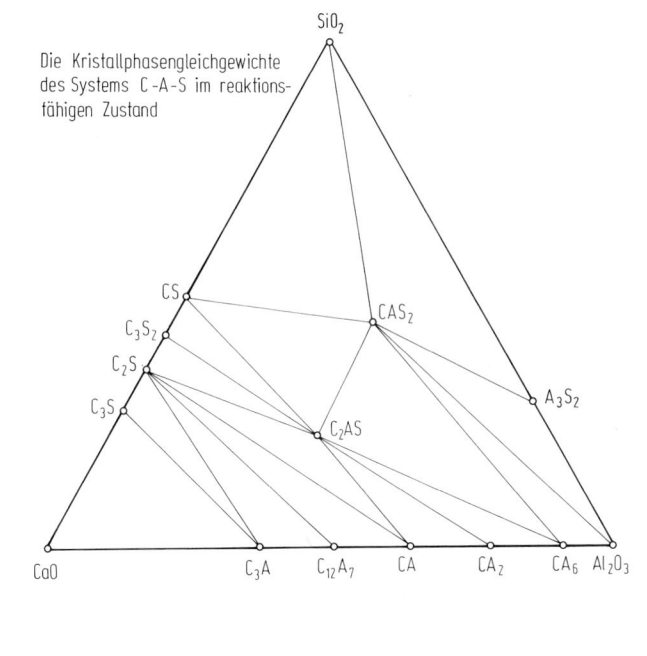

Die Kristallphasengleichgewichte des Systems C-A-S im reaktionsfähigen Zustand

Bild F7.2

5. Worauf beruht die hohe Oxidationsbeständigkeit von
   - Korund (Al_2O_3)
   - Polyäthylen $\left[\begin{array}{cc} H & H \\ C-C \\ H & H \end{array}\right]_n$
   - Chromstahl?

7.4 Zement-Beton

1. Wie unterscheiden sich hydraulische und nicht-hydraulische Zemente?

2. Gegeben ist ein Ausschnitt aus dem Zustandsschaubild SiO_2–CaO (Bild F7.3). Leiten Sie daraus den technischen Prozeß für die Zementherstellung ab!

3. Beschreiben Sie den mikroskopischen Aufbau von Beton nach dem Erstarren.

4. Beschreiben Sie die Spannungs–Verformungskurve von Beton unter Zug– und Druckspannung!

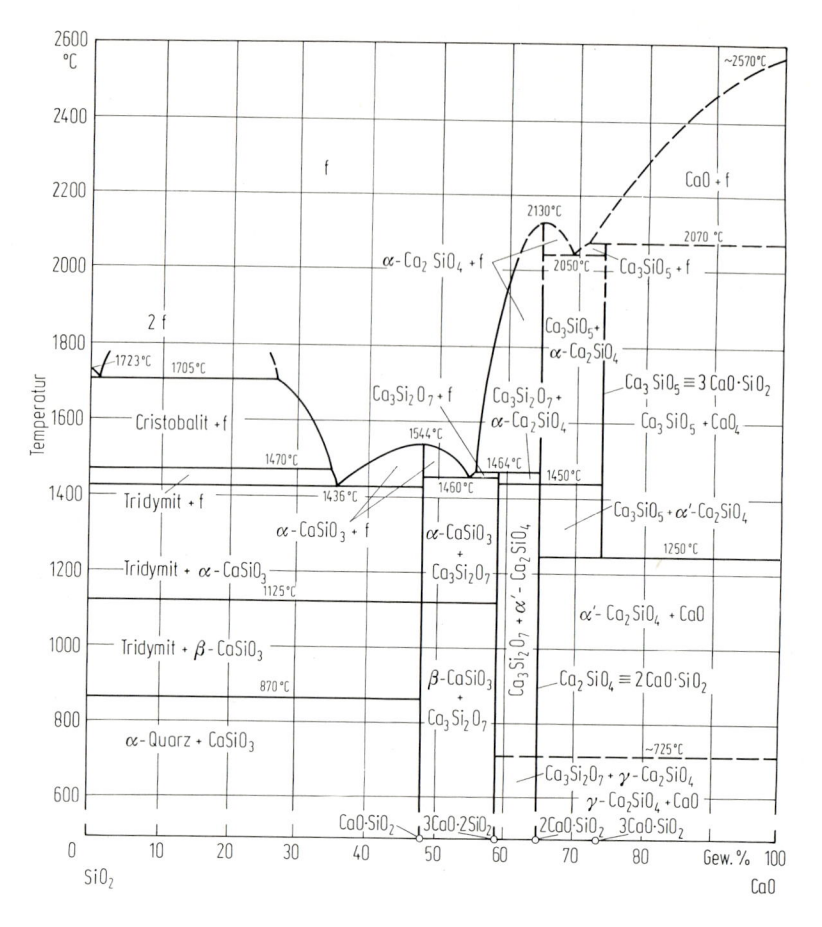

Bild F7.3

5. Welche Eigenschaft wird zur Bezeichnung von Beton verwendet, z. B. Bn 200 (Dimension)?

7.5 Oxidgläser

1. Welches sind die Kennzeichen einer Glasstruktur und welche Werkstoffe können in dieser Form hergestellt werden?

2. Definieren Sie die Begriffe Schmelztemperatur T_{kf} und Glasübergangstemperatur T_g.

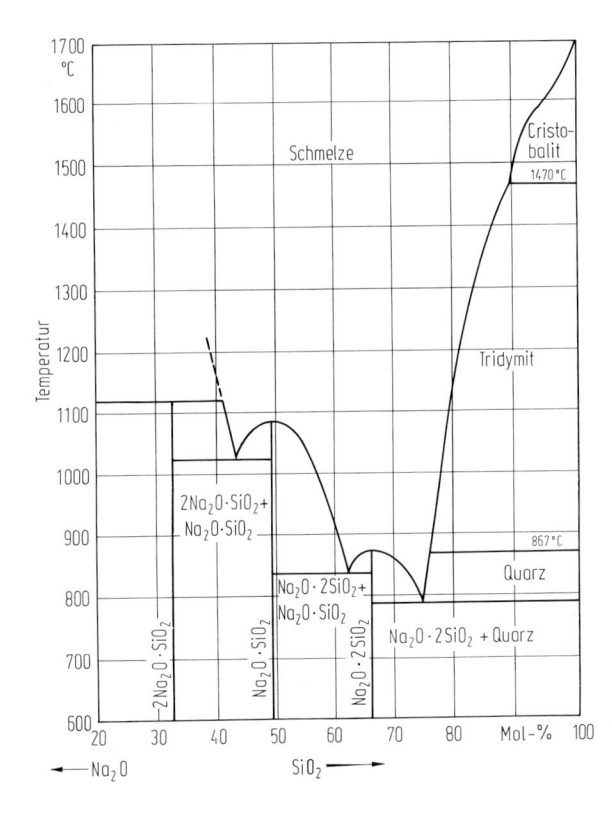

Bild F7.4

3. Gegeben ist das Zustandsschaubild SiO$_2$–Na$_2$O (Bild F7.4). Zeichnen Sie den Bereich des Fensterglases ein!

4. Geben Sie die Gleichung an, mit der die kennzeichnende mechanische Eigenschaft von Oxidglas zwischen Verwendungstemperatur (20 °C) und Formgebungstemperatur (800 °C) beschrieben werden kann!

8 Metallische Werkstoffe

8.1 Metalle allgemein und reine Metalle

1. Wie lassen sich Metalle ganz allgemein charakterisieren (Eigenschaften, die in Werkstoffen genutzt werden)?

2. Definieren Sie an je zwei Beispielen den Unterschied zwischen Guß– und Knetlegierungen!

3. Welches sind wichtige Kennzeichen guter Gußlegierungen wie z.B. Gußeisen oder Silumin?

4. Welche Voraussetzung (periodisches System der Elemente) begünstigt einen sehr hohen oder niedrigen Schmelzpunkt reiner Metalle?

5. Gibt es metallische Werkstoffe, die keine Legierungen sind?

8.2 Mischkristallegierungen

1. Geben Sie in den Zustandsdiagrammen Cu–Zn, Cu–Sn und Cu–Al (Bild F8.1a–c) die Existenzbereiche der α– und ($\alpha+\beta$)–Messinge und Bronzen an!

2. Wie beeinflußt ein zunehmender Gehalt an gelösten Atomen
   – die Streckgrenze,
   – den Verfestigungskoeffizienten und
   – die Tiefziehfähigkeit
   von α–Messingen?

Bild F8.1a

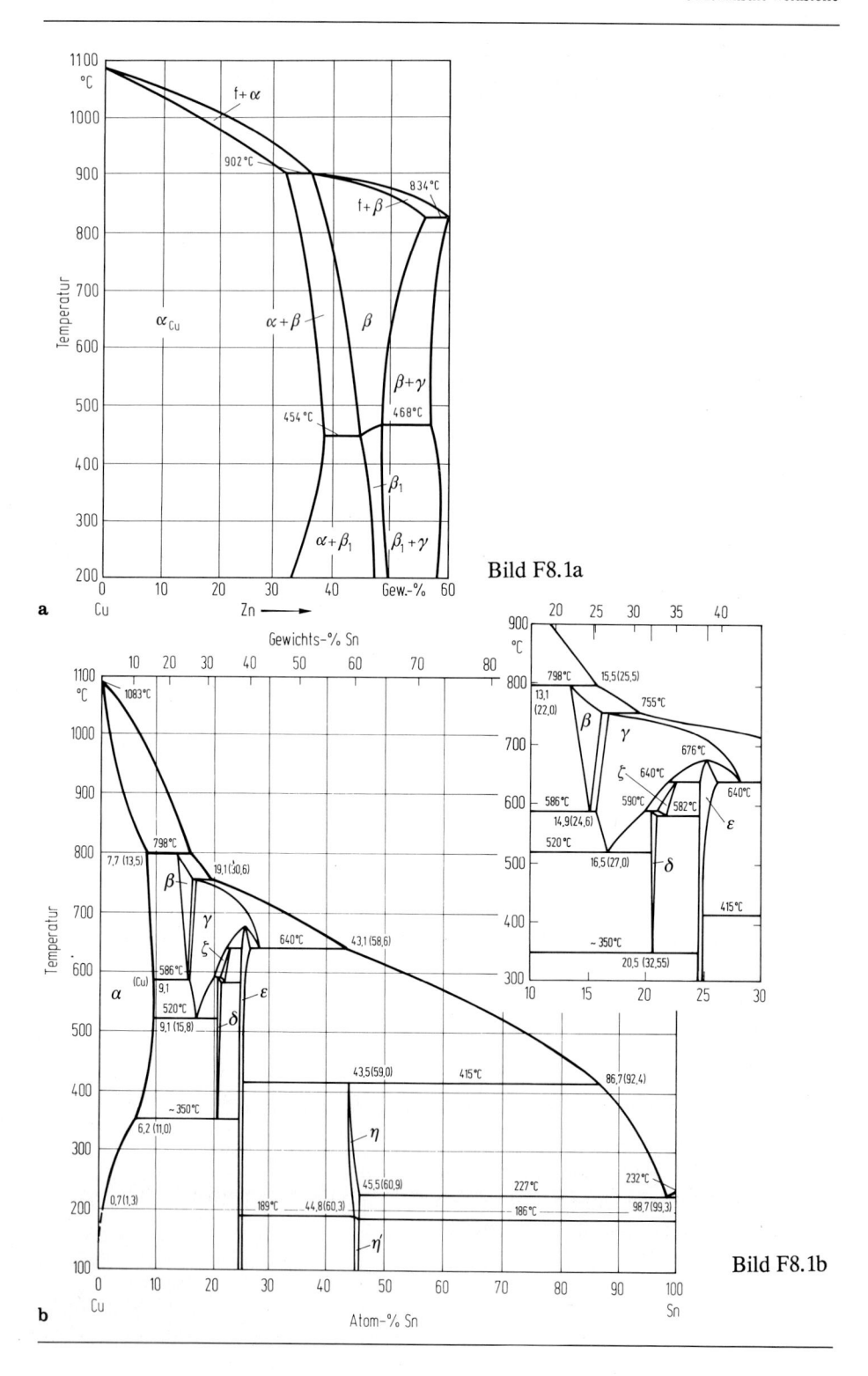

Bild F8.1b

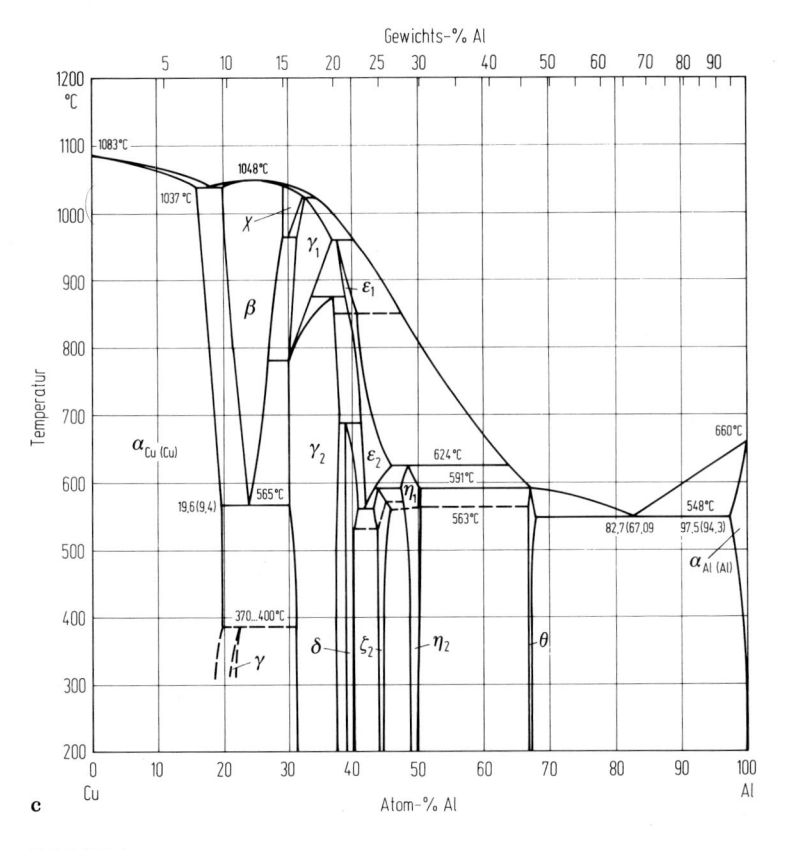

Bild F8.1c

3. Zu α–Fe (Ferrit, a = 0,2866 nm) wird jeweils 1 At.% (Stoffmengengehalt) folgender Elemente zulegiert:
a) Mo (a = 0,3147 nm)
b) Al (a = 0,4049 nm)
c) P (a = 0,217 nm)
Gesucht sind der Gehalt in Gew.% (Massengehalt) und die relative Erhöhung der Streckgrenze durch diese Elemente.

4. Wie beeinflußt die Mischkristallbildung in Metallen die elektrische Leitfähigkeit, die Streckgrenze und die Schmelztemperatur?

8.3 Ausscheidungshärtbare Legierungen

1. Wo sind in Zustandsdiagrammen ausscheidungshärtbare Legierungen zu finden?

2. Erläutern Sie die Maßnahmen zur Herbeiführung der Ausscheidungshärtung anhand des Zustands– und des Zeit–Temperatur–Diagramms!

3. In einem mikrolegierten Baustahl existieren NbC–Teilchen im Abstand von D_T = 100 nm. Wie groß ist die Erhöhung der kritischen Schubspannung $\Delta \tau$?

4. Was versteht man unter der Überalterung einer ausscheidungshärtbaren Legierung?

5. Wieviel Nb muß zu einer 100 kg Stahlschmelze mindestens hinzugefügt werden, um eine Erhöhung der kritischen Schubspannung von 500 MPa durch NbC–Teilchen zu erzielen?
   Gegeben:
   $G_{\alpha-Fe}$ = 84 000 MPa
   $b_{\alpha-Fe}$ = 0,2482 nm
   c = 0,5
   $\rho_{\alpha-Fe}$ = 7,88 Mg/m^3
   ρ_{NbC} = 7,78 Mg/m^3
   $\dfrac{d_T}{D_T} = c \cdot f_{NbC}^{1/2}$
   d_T = 5 nm.

6. Erläutern Sie die Ursache und mikromechanischen Konsequenzen von teilchenfreien Zonen an Korngrenzen in ausscheidungsgehärteten Legierungen!

8.4 Umwandlungshärtung

1. Nennen Sie vier Metalle mit Phasenumwandlungen im festen Zustand!

2. Beschreiben Sie anhand des Zustands– und des Zeit–Temperatur–Diagramms die Maßnahmen zur Härtung eines übereutektoiden Werkzeugstahls!

3. Erläutern Sie die Begriffe:
a) Normalisieren,
b) Vergüten,
c) Anlassen,
d) Anlaßversprödung,
e) Anlaßbeständigkeit,
f) Durchhärtbarkeit!

4. Was sind die Ursachen für die Warmfestigkeit folgender Werkstoffe und wodurch ist die obere Verwendungstemperatur beschränkt?
a) ferritische Stähle,
b) austenitische Stähle,
c) Nickelbasislegierungen!

5. Wie unterscheidet sich eine eutektoide Umwandlung von einer diskontinuierlichen Ausscheidung? Kennzeichnen Sie schematisch die Mechanismen der Reaktionen!

9 Kunststoffe (Hochpolymere)

9.1 Molekülketten

1. Aus welchen Rohstoffen können die Molekülketten der Kunststoffe hergestellt werden?

2. Wie groß ist das (mittlere) Molekulargewicht von

$$\left[\begin{array}{cc} H & H \\ C - C \\ Cl & H \end{array} \right] \cdot 10^4 \ ?$$

3. Was bedeuten die Werkstoffbezeichnungen
   a) PP,
   b) PTFE
   c) PA
   d) PA6?

4. Definieren Sie die Begriffe
   a) Konfiguration
   b) Konformation
   c) Symmetrie
   d) Taktizität
   einer Molekülkette!

9.2 Kunststoffgruppen

1. In welche drei großen Gruppen lassen sich die (unverstärkten) hochpolymeren Werkstoffe einteilen?

2. Wie unterscheiden sich diese Werkstoffgruppen in ihrer Molekülstruktur voneinander?

3. Ordnen Sie diese drei Werkstoffgruppen in der Reihenfolge zunehmender
   a) Elastizitätsmoduli,
   b) Zugfestigkeit,
   c) plastischer Verformbarkeit bei Raumtemperatur,
   d) plastischer Verformbarkeit bei erhöhter Temperatur!

4. Wie unterscheidet sich (qualitativ) die Temperaturabhängigkeit des E–Moduls eines Polymerwerkstoffs mit hohem Kristallanteil von einem Polymerglas?

9.3 Mechanische Eigenschaften I

1. Zeichnen Sie eine typische Kraft–Verlängerungd–, und wahre Spannungd–Dehnungs–Kurve eines unvernetzten, streckfähigen Polymers (z. B. PE bei 20 °C).

2. Beschreiben Sie die molekularen Umordnungsvorgänge in den einzelnen Stadien des Zugversuches!

3. Wie ändert sich die Zähigkeit (Bruchzähigkeit, Kerbschlagarbeit) eines solchen Werkstoffes bei tieferen Temperaturen?

4. Wie kann die Schlagfestigkeit von Polymergläsern (z. B. PS) erhöht werden?

9.4 Mechanische Eigenschaften II

1. Beschreiben Sie Herstellung und Mikrostruktur von Schaumstoffen!

2. Wie läßt sich der Elastizitätsmodul näherungsweise berechnen (siehe Verbundwerkstoffe)?

3. Welche Polymere haben einen
   a) besonders niedrigen und

b) einen besonders hohen trockenen Reibungskoeffizienten (Beispiele und Begründung)?

4. Welcher Zusammenhang besteht zwischen dem Reibungskoeffizienten und dem Verschleiß (trockener Gleitverschleiß, Abrasion) der Kunststoffe?

5. Nennen Sie Anwendungen von hochpolymeren Werkstoffen, bei denen es primär auf folgende Eigenschaften ankommt:
   a) geringer E–Modul,
   b) hoher E–Modul,
   c) hoher Reibungskoeffizient,
   d) hoher Verschleißwiderstand,
   e) chemische Beständigkeit,
   f) hohe Dämpfungsfähigkeit!

6. Beschreiben Sie die Begriffe Adhäsion und Kohäsion im Zusammenhang mit einer Klebung! Welche Stoffe können am geeignetesten Adhäsion verhindern?

10 Verbundwerkstoffe

10.1 Herstellung von Phasengemischen

1. Definieren Sie den Begriff: Verbundwerkstoff!

2. Nennen Sie vier Möglichkeiten zur Herstellung von Fasergefügen!

3. Welche Phasengemische sind
   a) im stabilen,
   b) im metastabilen und
   c) nicht im thermodynamischen Gleichgewicht (je ein Beispiel)?

4. Wie werden glasfaserverstärkte Duromere hergestellt?

10.2 Faserverstärkte Werkstoffe

1. Kupfer soll durch Kohlefasern auf eine uniaxiale Zugfestigkeit von 1.000 MPa verstärkt werden.
   a) Welcher Volumenanteil ist nötig?
   b) Welchen E–Modul hat der Werkstoff in Zugrichtung?
   c) Was ist über die mechanischen Eigenschaften quer zur Faserrichtung zu sagen?
   Gegeben:
   R_{mCu} = 300 MPa
   R_{mC} = 2.000 MPa
   E_{Cu} = 127.000 MPa
   E_{C} = 350.000 MPa.

2a) Durch welche Faserarten und in welchem Umfang kann Stahl verstärkt werden?
b) Welche interessanten Eigenschaften könnten sich hieraus ableiten?

3. Geben Sie die Gleichung zur Berechnung der kritischen Faserlänge l_c eines Verbundwerkstoffes an!

4. Welche Faserlänge l_c ist zur Verstärkung eines Thermoplasten (α) mit Glasfasern (β) notwendig? Folgende Größen sind gegeben:
 a) $r_{\beta 1}$ = 10 μm, $\tau_{\alpha\beta}$ = 250 MPa, $R_{m\beta}$ = 2.000 MPa;
 b) $r_{\beta 2}$ = 1 μm, sonst wie a).
 ($r_{\beta 1,2} \triangleq$ Faserradius)

5. Die Festigkeit von Fasern metallischer Werkstoffe auf der Grundlage von Al, Be, Cu, Fe, Ti, W wird bis zu 50 % der theoretischen Grenze gesteigert.
 a) Welche Legierung erreicht die höchste Festigkeit?
 b) Wie ändert sich die Reihenfolge, wenn das Verhältnis von Festigkeit zu Gewicht maximiert werden soll?
 c) Nennen Sie Anwendungen, bei denen diese Eigenschaftskombinationen gefordert werden!
 d) Vergleichen Sie diese Werkstoffe mit keramischen und hochpolymeren Phasen!

6. Leiten Sie den Begriff der Reißlänge ab und beurteilen Sie die Qualität der wichtigsten hochfesten Werkstoffe nach ihrer Reißlänge!

$$\frac{\sigma_\beta}{\rho} = \left[\frac{N \; cm^3}{m^2 \; g}\right]$$

10.3 Stahl- und Spannbeton

1. Welche Funktion hat die Stahlbewehrung
 a) im Beton und
 b) im Spannbeton?

2. Ein Spannbeton enthält f_β = 0,05 Stahlfasern, die mit 0,5 R_p gespannt wurden.
 a) Wie groß ist die Druckeigenspannung im Beton?
 R_{pSt} = 1.200 MPa
 b) Welches sind die Ursachen der hohen Festigkeit von Spannstählen?

10.4 Schneidwerkstoffe

1. Kennzeichnen Sie kurz die chemische Zusammensetzung und den Aufbau von
   a) unlegiertem Werkzeugstahl,
   b) Schnellarbeitsstahl,
   c) Hartmetall,
   d) Schneidkeramik,
   e) Cermet!

2. Wie werden Hartmetalle hergestellt?

3. Wodurch ist der Volumenanteil der Karbidphase bestimmt?

4. Vergleichen Sie Vor– und Nachteile von Hartmetall und Schneidkeramik!

10.5 Oberflächenbehandlung

1. Nennen Sie die drei grundsätzlichen Möglichkeiten zur Behandlung metallischer Oberflächen!

2. Nennen Sie Beispiele für chemische Oberflächenbehandlungen unter oxidierenden und reduzierenden Bedingungen!

3. Welche Möglichkeit gibt es für den Korrosionsschutz von Stahl (Wertung)?

4. Nennen Sie je ein Beispiel für Oberflächenschichten von: K auf M, M auf M, P auf M (K = Keramik, M = Metalle, P = Polymere)!

10.6 Holz

1. Beschreiben Sie die Mikrostruktur von Holz!

2. Bestimmen Sie mit Hilfe eines geeigneten Koordinatensystems die Symmetrie der Gefügeanisotropie!

3. Wieviele Werte der Zug– bzw. Druckfestigkeit sind zur vollständigen Kennzeichnung notwendig?

4. Analysieren Sie die Zugfestigkeit von Holz in Faserrichtung mit Hilfe der partiellen Eigenschaften der Komponenten des Verbundwerkstoffs!

5. Welchen Einfluß hat der Wassergehalt auf die Eigenschaften von Holz?

6. Wodurch kann die Eigenschaft unabhängig vom Wassergehalt werden?

Antworten

1 Aufbau einphasiger Stoffe

1.1 Atome

1. Die Masse eines Atoms setzt sich zusammen aus der Ruhemasse der Protonen, Neutronen und Elektronen. Für das ^{12}C–Isotop gilt:

6 Protonen	à $1{,}6726485 \cdot 10^{-27}$ kg	$= 1{,}0035891 \cdot 10^{-26}$ kg
6 Neutronen	à $1{,}6749543 \cdot 10^{-27}$ kg	$= 1{,}0049726 \cdot 10^{-26}$ kg

   Zusammen ergibt dies:

die Masse des Kerns	$=$	$2{,}0085617 \cdot 10^{-26}$ kg
+ 6 Elektronen à $9{,}109534 \cdot 10^{-31}$ kg	$=$	$5{,}465720 \cdot 10^{-31}$ kg
die rechnerische Masse des ^{12}C–Isotops		$2{,}0091083 \cdot 10^{-26}$ kg
die massenspektroskopisch ermittelte Masse	$=$	$1{,}9922 \cdot 10^{-26}$ kg

   Es ergibt sich eine Differenzmasse $\underline{\underline{\Delta m = 1{,}6908 \cdot 10^{-28} \text{ kg}}}$

   aus der Äquivalenz von Energie und Masse
   $$\Delta E = \Delta m \cdot c^2,$$
   wobei c die Lichtgeschwindigkeit ist ($c = 2{,}998 \cdot 10^{9}$ ms^{-1}), folgt, daß Δm einer Energie $\Delta E = 1{,}519638 \cdot 10^{-11}$ J entspricht. Diese Energie wird als γ–Strahlung

frei, wenn sich der Kern bildet und führt so zu einem Massenverlust (Massendefekt).

Bild A1.1 zeigt, daß die Bindungsenergie pro Nukleon (Kernbaustein), über der relativen Atommasse A_r aufgetragen, bei $A_r \sim 60$ ein Maximum durchläuft. Elemente wie Eisen und Nickel besitzen daher die stabilsten Atomkerne, da weder durch Kernspaltung noch durch Kernfusion die Bindungsenergie gesteigert werden kann.

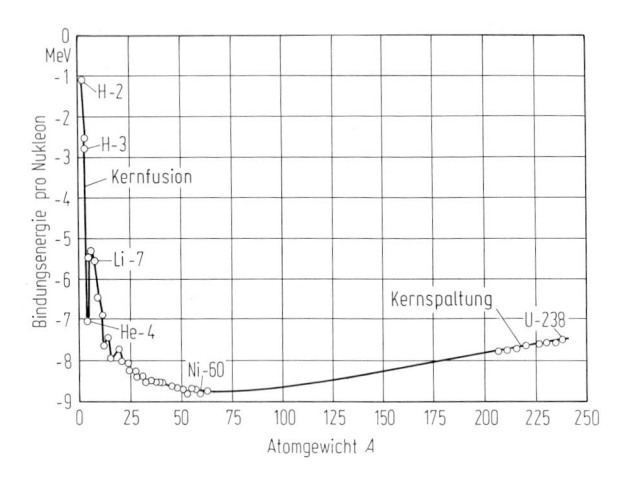

Bild A1.1

2a) Die Dichte, da fast die gesamte Masse des Atoms im Kern gespeichert ist (siehe Antwort 1.1.1).
 b) Die chemische Reaktionsfähigkeit, die mechanische Festigkeit, die elektrische Leitfähigkeit, das Auftreten von Ferromagnetismus und die optischen Eigenschaften.

3. Die Elementarzelle eines kubisch–flächenzentrierten Gitters (kfz) enthält vier Atome, die eines kubisch–raumzentrierten Gitters (krz) zwei Atome.
Die Masse eines Atoms beträgt:
$m_A = A/N_A$
mit A = Atomgewicht
und N_A = Avogadrosche Zahl ($N_A = 6{,}02 \cdot 10^{23} \frac{\text{Atome}}{\text{mol}}$).

1 Aufbau einphasiger Stoffe

$$\text{Dichte} = \frac{\text{Masse der Atome/Elementarzelle [g]}}{\text{Volumen der Elementarzelle [m}^3]} =$$

$$\underline{\underline{\rho_{Pb}}} = \frac{4 \cdot m_a}{a^3} \text{ g/m}^3 = \frac{4 \text{ Atome} \cdot 207{,}19 \text{ gmol}^{-1}}{6{,}02 \cdot 10^{23} \frac{\text{Atome}}{\text{mol}} \cdot (0{,}495 \cdot 10^{-9} \text{m})^3}$$

$$= \underline{\underline{11{,}35 \cdot 10^3 \text{ kg/m}^3 = 11{,}35 \text{ Mg/m}^3 \: (= \text{g/cm}^3)}}$$

$$\underline{\underline{\rho_{Al}}} = \frac{4 \text{ Atome} \cdot 26{,}98 \text{ gmol}^{-1}}{6{,}02 \cdot 10^{23} \frac{\text{Atome}}{\text{mol}} \cdot (0{,}4049 \cdot 10^{-9} \text{m})^3} = 2{,}70 \cdot 10^3 \text{ kg/m}^3 =$$

$$= \underline{\underline{2{,}70 \text{ Mg/m}^3 \: (= \text{g/cm}^3)}}$$

$$\underline{\underline{\rho_{\alpha-Fe}}} = \frac{2 \text{ Atome} \cdot 55{,}85 \text{ gmol}^{-1}}{6{,}02 \cdot 10^{23} \frac{\text{Atome}}{\text{mol}} \cdot (0{,}2866 \cdot 10^{-9} \text{m})^3} = \underline{\underline{7{,}88 \text{ Mg/m}^3 \: (= \text{g/cm}^3)}}$$

1.2 Elektronen

1. Es gilt (siehe Gl. 1.2 Werkstoffe)

$$E_2 - E_1 = h\nu = \frac{hc}{\lambda},$$

(h = Planck Konstante, c = Lichtgeschwindigkeit)
so daß sich eine Wellenlänge λ für das emittierte Photon von

$$\lambda = \frac{h \cdot c}{E_2 - E_1} = 121{,}55 \text{ nm} \quad \text{ergibt.}$$

(Da die Energien in eV gegeben sind, müssen diese erst auf Joule umgerechnet werden: $1 \text{eV} = 1{,}602 \cdot 10^{-19}$ J.)

2a) $^{26}\text{Fe} = \underbrace{1s^2}_{\text{K-}} \underbrace{2s^2 2p^6}_{\text{L-}} \underbrace{3s^2 3p^6 3d^6}_{\text{M-}} \underbrace{4s^2}_{\text{N-Schale}}$

b) Übergangselemente zeichnen sich dadurch aus, daß die nächst höhere Schale vor dem vollständigen Auffüllen der Unterschale besetzt wird.
Im Fall des Fe–Atoms könnten in die M–Schale noch vier 3d–Elektronen aufgenommen werden. Stattdessen wird nach $3d^6$ bereits $4s^2$ besetzt.

3a) Siehe Bild A1.2.
b) Aufgrund der besonderen Elektronenstrukturen der Übergangsmetalle zeigen diese hervorragende Eigenschaften, wie hier die Verläufe der Schmelztemperaturen und der Dichte zeigen. Darüber hinaus sind noch der Ferromagnetismus, Anomalien der elastischen Konstanten und der chemischen Bindung für die Nutzung dieser Elemente als Werkstoffe von besonderer Bedeutung.

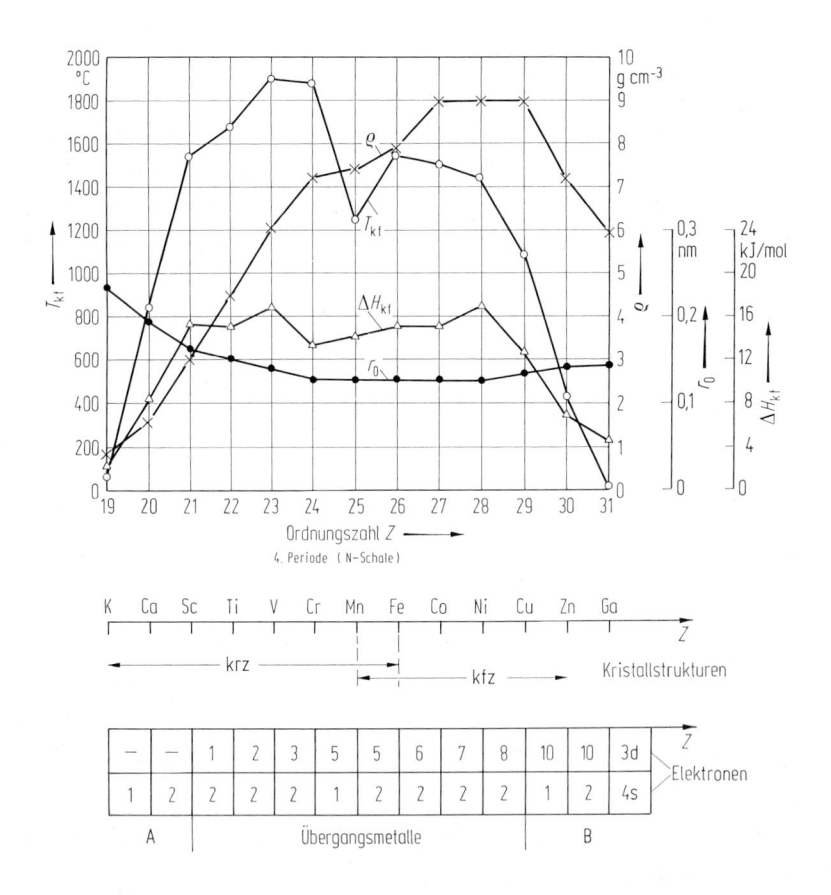

Bild A1.2

1.3 Bindung der Atome

1. – Kovalente Bindung (homöopolare Bindung)
   Bindungstyp, bei dem die Oktettregel (abgeschlossene Achterschale) durch die gemeinsame Nutzung mehrerer Atome erfüllt wird. Beispiele dafür sind der Diamant oder das Wasserstoffmolekül (Bild A1.3d):

   Hier fangen zwei Wasserstoffatome das $1s^1$-Elektron des jeweils anderen Atoms als $1s^2$ mit ein, wobei die $1s^1$-Elektronen aus quantenmechanischen Gründen einen entgegengesetzten Spin haben müssen.
   Die kovalente Bindung ist eine gerichtete und sehr starke Bindung, weshalb der Diamant, eine nahezu rein kovalente Kohlenstoffverbindung in Tetraederform, der härteste bekannte Werkstoff ist.

   – Ionenbindung (heteropolare Bindung)
   Dieser Bindungstyp tritt bevorzugt zwischen Elementen mit einer großen Elektronenaffinität (Elemente der VI und VII Gruppe im Periodensystem, die nur ein oder zwei Elektronen für die Bildung einer äußeren Achterschale aufnehmen müssen) und Elementen mit einer geringen Ionisierungsenergie (Elemente der I und II Gruppe im Periodensystem) auf. Ein Beispiel ist das Natriumchlorid (Bild A1.3a):

$$^{11}Na = 1s^2\ 2s^2 2p^6\ 3^1$$
$$^{17}Cl = 1s^2\ 2s^2 \cdot 2p^6\ 3s^2 3p^5$$

   Das $3s^1$-Elektron kann durch eine geringe Energiezufuhr vom Na abgelöst und als $3p^6$-Elektron in das Chlor–Atom eingebaut werden. Das Cl- Atom wird dadurch zum Cl^--Anion, während das Na-Atom zum Na^+-Kation wird. Aufgrund der elektrostatischen Anziehungskraft zwischen ungleichnamigen Ladungen (Coulombsches Gesetz), lagern sich am Na^+- Ion Cl^--Ionen an. Die Ionenbindung oder auch heteropolare Bindung ist deshalb eine ungerichtete Bindung und Stoffe, die vorwiegend diesen Bindungstyp aufweisen, erscheinen nach außen elektrisch neutral. Außerdem sind alle Stoffe mit vorherrschender Ionenbindung schlechte Leiter für Elektrizität und Wärme aufgrund fehlender freibeweglicher Elektronen.

- Metallische Bindung
  Die einfachste Vorstellung über die Metallbindung ist die des "Elektronengases", die für die werkstofftechnischen Aspekte der Metallbindung genügen soll. Die Theorie geht davon aus, daß die Metallatome ihre Valenzelektronen abgeben und diese sich statistisch ungeordnet wie Gaspartikel im gesamten Kristall bewegen. Die elektropositiven Atomrümpfe bilden das Kristallgitter und werden von dem elektronegativen "Elektronengas" zusammengehalten (Bild A1.3c). Aus der freien Beweglichkeit der Elektronen im "Elektronengas" folgt, daß die metallische Bindung ungerichtet ist und daß Metalle eine gute elektrische und thermische Leitfähigkeit haben.
- Zwischenmolekulare Bindung (Van–der–Waals–Bindung)
  Der wichtigste Grund für Van–der–Waalsche Bindungskräfte liegt in der Polarisierung von Molekülen. Dabei kann die Polarisierung durch ein äußeres elektrisches Feld oder durch die unsymmetrische Ladungsverteilung des Moleküls selbst hervorgerufen werden. Durch die Ladungsverschiebung entsteht ein Dipolmoment, das zur Anziehung zwischen den Molekülen führt. Beispiele für Zwischenmolekulare Bindungen sind H_2O- Moleküle (Bild A1.3d) oder die Bindungskräfte, die zwischen den Molekülketten von Polyvinylchlorid (PVC) auftreten. In Thermoplasten ist sie verantwortlich für die Festigkeit.

2.
   - Metalle: aus der metallischen Bindung folgt, daß sie gute elektrische und thermische Leiter, chemisch sehr reaktionsfähig und dicht gepackt (gleichmäßige Anordnung der Atome in alle Richtungen, da die Bindung ungerichtet ist) sind.
   - Keramische Stoffe: aus der kovalenten und ionischen Bindung folgen eine hohe chemische Beständigkeit, hohe Schmelztemperatur und Druckfestigkeit sowie eine schlechte elektrische Leitfähigkeit.
   - Polymere: Die Molekülketten sind kovalent gebunden, zwischen den Molekülketten herrschen Van–der–Waalsche Bindungskräfte. Daraus folgt eine schlechte elektrische Leitfähigkeit, geringe Dichte, geringe Schmelztemperatur sowie eine gute chemische Beständigkeit bei Raumtemperatur.

3. Die Koordinationszahl KZ gibt die Anzahl der nächstliegenden Nachbaratome um ein Zentralatom an (Bild A1.4). Mit steigender Koordinationszahl nimmt die Packungsdichte eines Kristallgitters zu.

4. Ursache für die Volumenänderung sind die Schwingungen der Atome, da deren Amplitude mit steigender Temperatur zunimmt und es so zu einer Vergrößerung

1 Aufbau einphasiger Stoffe 67 A

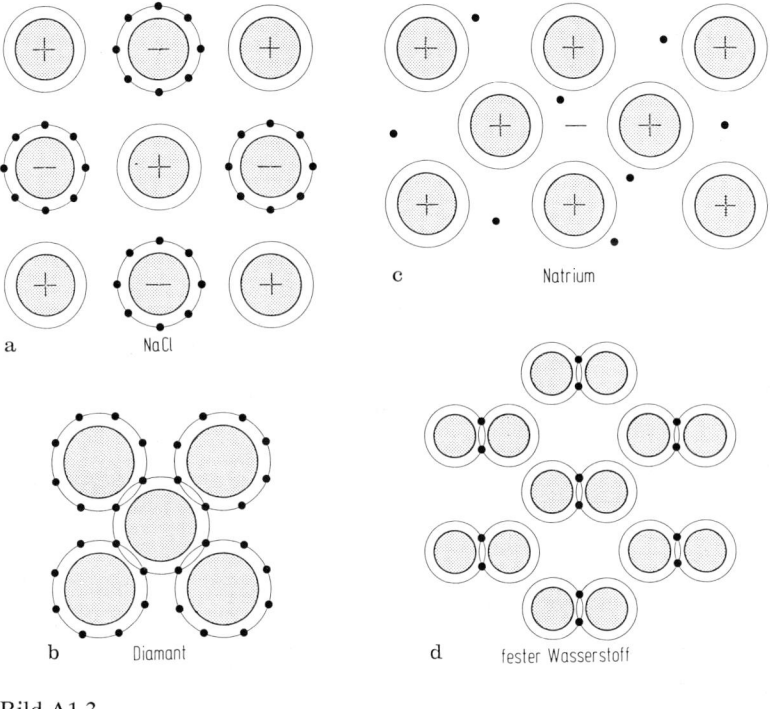

a NaCl
c Natrium
b Diamant
d fester Wasserstoff

Bild A1.3

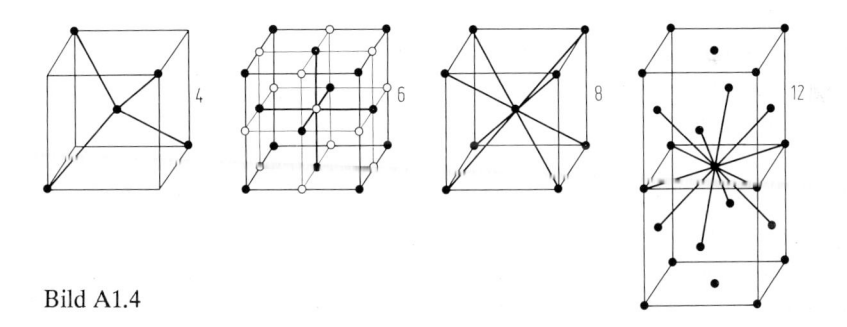

Bild A1.4

der mittleren Atomabstände kommt. Die thermische Ausdehnung wird umso kleiner, je höher die Schmelztemperatur ist, da ein Stoff niedriger Schmelztemperatur infolge seiner schwächeren Atombindung bei einer bestimmten Temperatur mit größerer Amplitude schwingt als ein Stoff mit höherer Schmelztemperatur.

5a) Kohlenstoff als Diamant (Bild A1.5a):
   – kovalente Bindung
   – härtester Werkstoff
   – KZ = 4.

b) Kohlenstoff als Graphit (Bild A1.5b):
   – KZ = 6
   – Hexagonales Schichtgitter (Schichtkristall); C–Atome sind in der Basisebene in regelmäßigen Sechsecken angeordnet und kovalent gebunden. Senkrecht zur Basisebene existiert eine nur schwache Van–der–Waalsche Bindung, so daß die Basisebenen leicht gegeneinander verschoben werden können. Daher die Verwendung von Graphit als Schmiermittel.

c) Kohlenstoff als Kohlefaser (Bild A1.5c):
   – höchste Zugfestigkeit (R_m = 12.000 MPa) bei geringer Dichte
   – kovalente Bindung

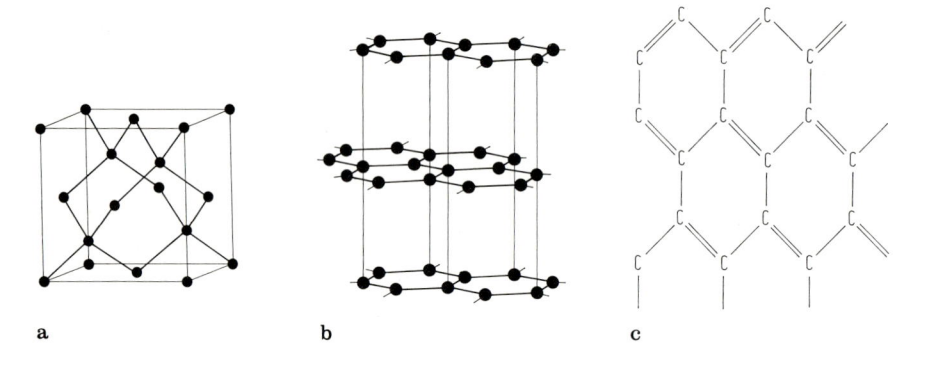

Bild A1.5

1.4 Kristalle

1. – Flüssigkeit: annähernd regellose Verteilung der Atome
   – Kristall: regelmäßige Anordnung der Atome in einem Raumgitter
   – Glas: regellos dichteste Kugelpackung der Atome (eingefrorener Zustand).

2a) Unter Kristallstruktur versteht man die regelmäßige Anordnung von Atomen in einem Raumgitter.

b) Im Gegensatz dazu zeichnet sich die Glasstruktur durch eine regellose Anordnung der Atome aus, ähnlich der von Flüssigkeiten.
c) Die Elementarzelle ist die kleinste Einheit, durch deren Wiederholung im Raum ein Kristallgitter, hinsichtlich der Lage und des Abstandes der Atome zueinander, vollständig beschrieben werden kann.
d) Kristallsystem: Die Koordinatensysteme zur Beschreibung der verschiedenen Kristalle sind gekennzeichnet durch die Winkel zwischen den Achsen und den Einheiten der Achsabschnitte (Tab. A1.1).

Achsenwinkel	Achsenabschnitte	Bezeichnung
$\alpha = \beta = \gamma = 90°$	$a = b = c$	kubisch
$\alpha = \beta = \gamma = 90°$	$a = b \neq c$	tetragonal
$\alpha = \beta = \gamma = 90°$	$a \neq b \neq c$	orthorhombisch
$\alpha = \beta = \gamma \neq 90°$	$a = b = c$	rhomboedrisch
$\alpha = \beta = 90°\,;\,\gamma = 120°$	$a_1 = a_2 \neq c$	hexagonal
$\alpha \neq \beta \neq \gamma = 90°$	$a \neq b \neq c$	monoklin
$\alpha \neq \beta \neq \gamma \neq 90°$	$a \neq b \neq c$	triklin

3.

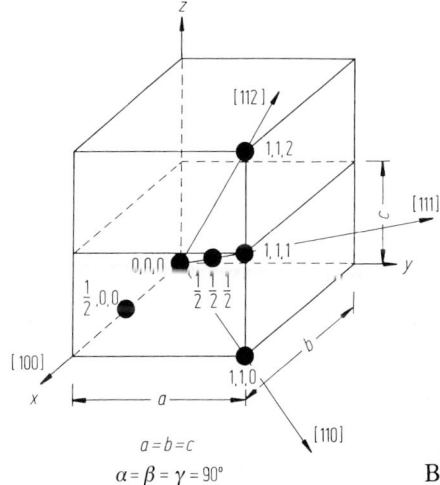

Bild A1.6

Anmerkung: Die Indizierung der Atome erfolgt immer in den Einheiten der Einheitszelle (z.B. $\frac{a}{2}, \frac{b}{2}, \frac{c}{2} = \frac{1}{2}, \frac{1}{2}, \frac{1}{2}$), so daß die am weitesten entfernte Ecke der Einheitszelle stets [111] ist, unabhängig davon, ob es sich um ein kubisches, tetragonales, orthorhombisches usw. Kristallsystem handelt.

Bild A1.7

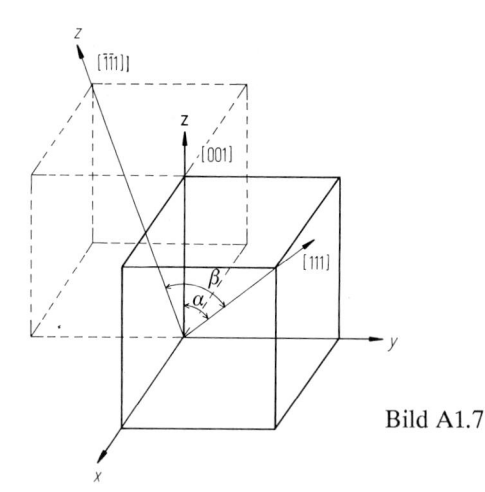

4. Bild A1.7 gibt die kubische Elementarzelle mit den eingezeichneten Vektoren wieder.
   a) Winkel zwischen [001] und [111]:
   $$\cos([001] \times [111]) = \frac{a}{a\sqrt{3}}$$
   $$\alpha = \arccos\frac{1}{\sqrt{3}} = \underline{\underline{54{,}74°}}$$
   b) Winkel zwischen [111] und [$\bar{1}\bar{1}$1]:
   Lösung durch Rechenregel für Winkel zwischen zwei Vektoren:
   $$\cos\beta = \frac{a_1b_1 + a_2b_2 + a_3b_3}{\sqrt{(a^2 \cdot b^2)}} = -\frac{1}{3}$$
   $$\beta = \arccos\left(-\frac{1}{3}\right) = \underline{\underline{109{,}5°}}$$

   Oder Sie erkennen, daß [001] die Winkelhalbierende ist:

   $$\beta = 2\alpha = 2 \cdot 54{,}74° = \underline{\underline{109{,}5°}}.$$

5. Die Achsabschnitte (Einheiten der Einheitszelle) werden zunächst in der Reihenfolge a,b,c notiert. Danach werden jeweils die reziproken Werte gebildet, die dann auf einen Hauptnenner gebracht werden. Um ganzzahlige Werte zu erhalten, wird der

1 Aufbau einphasiger Stoffe

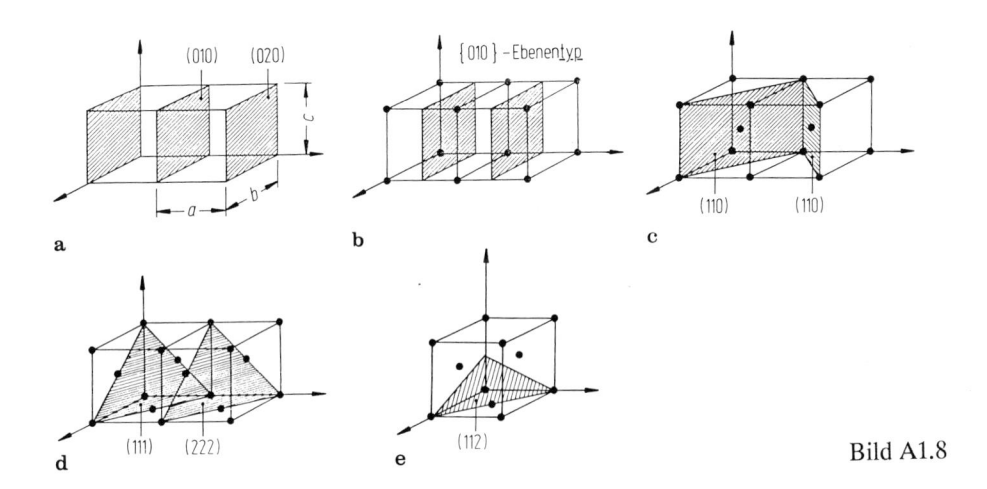

Bild A1.8

Hauptnenner nun einfach weggelassen. In Bild A1.8 sind noch einmal die schraffierten Kristallebenen mit der vollständigen Indizierung gezeigt.

6a) {111} im kfz–Gitter
{110} im krz–Gitter
Anmerkung: Diese Ebenen sind von besonderem Interesse, da die bei der plastischen Verformung auftretende Gleitung in diesen Ebenen erfolgt.

b) $$d_{(hkl)} = \frac{a}{\sqrt{h^2 + k^2 + l^2}}$$

<u>Cu:</u> kfz–Kristallstruktur,
dichtest gepackte Ebene vom Typ {111},
$a_{Cu} = 0{,}3615$ nm,

$$d_{(111)} = \frac{0{,}361}{\sqrt{a^2 + 1^2 + 1^2}} = \underline{\underline{0{,}2087 \text{ nm}}}$$

<u>α–Fe:</u> krz–Kristallstruktur,
dichtest gepackte Ebene vom Typ {110},
α–Fe = 0,2866 nm

$$d_{(110)} = \frac{0{,}2866}{\sqrt{1^2 + 1^2 + 1^2}} = \underline{\underline{0{,}2027 \text{ nm}}}$$

c) {100} = 6 spezielle Ebenen = $\dfrac{(100)\ (010)\ (001)}{(\bar{1}00)\ (0\bar{1}0)\ (00\bar{1})}$;

{111} = 8 spezielle Ebenen = $\dfrac{(111)\ (\bar{1}11)\ (1\bar{1}1)\ (11\bar{1})}{(\bar{1}\bar{1}\bar{1})\ (1\bar{1}\bar{1})\ (\bar{1}1\bar{1})\ (\bar{1}\bar{1}1)}$;

{110} = 12 spezielle Ebenen = $\dfrac{(110)(101)(011)(110)(101)(011)}{(\bar{1}\bar{1}0)(\bar{1}0\bar{1})(0\bar{1}\bar{1})(\bar{1}\bar{1}0)(\bar{1}0\bar{1})(0\bar{1}\bar{1})}$.

7. kfz: – Stapelfolge ABCABCAB...
   – 24 Gleitsysteme
   hdp: – Stapelfolge ABABAB...
   – 6 Gleitsysteme

8. Für ein trz Gitter gilt:
   $\alpha = \beta = \gamma = 90^0$
   a = b = 0,28 nm
   c/a = 1,05 → c = 1,05 a = 0,294 nm

   [111]: $x = \dfrac{\sqrt{2a^2 + c^2}}{2} = \dfrac{\sqrt{2 \cdot 0{,}28^2 + 0{,}294^2}}{2}$ $\underline{x = 0{,}247\ \text{nm}}$

   [110]: $x = \sqrt{a^2 + a^2} = \sqrt{2 \cdot 0{,}28^2}$ $\underline{x = 0{,}396\ \text{nm}}$

   [101]: $x = \sqrt{a^2 + c^2} = \sqrt{0{,}28^2 + 0{,}294^2} = \underline{0{,}406\ \text{nm}}$

9. Al kristallisiert im kfz Gitter, Mg im hdp Gitter. Da das kfz Gitter 24 Gleitsysteme gegenüber 6 Gleitsystemen des hdp Gitters besitzt, ist die Verformbarkeit von kfz Werkstoffen grundsätzlich besser.

10. – Dotierte Si–Einkristalle als Halbleiterwerkstoff in der Elektrotechnik (Bild A1.9a).
    – Einkristallturbinenschaufeln in Flugzeugtriebwerken (Bild A1.9b).
    – Perfekte keramische Kristalle (Kalkspat $CaCO_3$) in der Optik → Doppelbrechung.

1 Aufbau einphasiger Stoffe   73 A

a

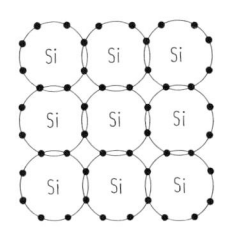

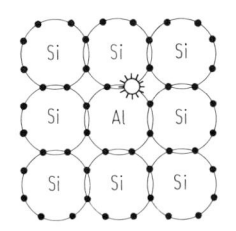

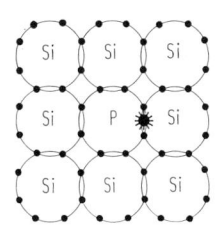

b

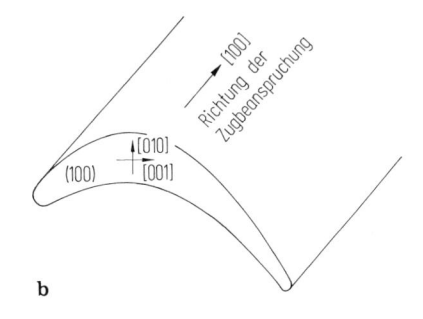

Bild A1.9

1.5 Baufehler des Kristallgitters

1. Gitterbaufehler beeinflussen thermische und mechanische Vorgänge wie z.B. alle Ausscheidungs- und Umwandlungsvorgänge oder die plastische Verformbarkeit.

2.   – Elementarteilchen
   – Atom
   – Elementarzelle
   – Phase
   – Gefüge
   – Probe (Halbzeug).

3.

geometrische Dimension	Dimension der Dichte	
0	$[m^{-3}]$	Leerstellen, gelöste Atome
1	$[m^{-2}]$	Versetzungen
2	$[m^{-1}]$	Korngrenzen, Stapelfehler

4. – Strukturelle Leerstellen, im thermodynamischen Gleichgewicht, z.B.: $Fe_{0,9}O_{0,1}$ enthält 10 At.% Leerstellen.
    – Thermische Leerstellen, ebenfalls im thermodynamischen Gleichgewicht, entstehen immer beim Erwärmen von Kristallen.
    – Durch Bestrahlung mit Neutronen (Frenkelpaare), oder durch plastische Verformung.

5. Aufgrund unterschiedlicher Atomgrößen existieren Verzerrungsfelder im Gitter, die die Versetzungsbewegung mehr oder weniger stark behindern. Hinzu kommt es durch die Legierungsatome zu einer örtlichen Änderung der elastischen Eigenschaften des Gitters (Moduleffekt).

6. Die Abbildung wird mit statistisch verteilten Linien der Länge l_i überzogen (Kreise, Geraden) und die Anzahl der Schnittpunkte n_i mit den Versetzungslinien ausgezählt. Die Versetzungsdichte berechnet sich dann aus der Formel:

$$\rho_v = \frac{2\,N\,V}{L\,t}$$

mit:

$N \cong$ Anzahl der Schnittpunkte der Versetzungslinien mit willkürlich gewählten Linien → auszählen ($N = \Sigma\,n_i$)

$V \cong$ Vergrößerung der Abbildung → bekannt, in der Regel immer mit angegeben

$L \cong$ Länge der willkürlich gewählten Linien → ausmessen ($L = \Sigma\,l_i$)

$t \cong$ Foliendicke → bekannt, in der Regel immer mit angegeben

"2" $\cong$ statistischer Faktor.

Die Auswertung der Originalaufnahme (Formt 9 cm x 13 cm) erfolgte hier mit zwei Kreisen mit einem Durchmesser von je d = 40,5 mm.
Berechnung der Linienlänge:

$$U = L = 2\,\pi\,d = 25{,}45 \text{ cm}$$

Ausgezählte Schnittpunkte:

$n_1 = 23$
$n_2 = 11$
_____

$\underline{\underline{N = 34}}$

Einsetzen:
$$\rho_v = \frac{2 \cdot 34 \cdot 26.000}{25,45 \cdot 100 \cdot 10^{-7}}$$

$$\rho_v = 6,9 \cdot 10^9 \text{ cm}^{-2}$$

Vorsicht! Es handelt sich immer nur um die abgebildeten Versetzungen. Die wirkliche Versetzungsdichte kann größer sein. Darüber hinaus ist diese Methode nur bei homogener Versetzungsverteilung und bei Versetzungsschichten bis $\rho_v = 10^8 - 10^{12}$ cm^{-2} anwendbar.

7. a/2 [110], a [100] sind Gittervektoren des kfz–Gitters und daher mögliche Burgersvektoren (b) vollständiger Versetzungen; a/2 [110] ist der kleinstmögliche b (niedrigste Energie), liegt in der Gleitebene (111) und ist daher der b einer Gleitversetzung, die anderen b's sind Teilversetzungen, die örtlich die Kristallstruktur verändern.

8. Die Energie einer Versetzung ist proportional zu b^2. Dies kann zur Bestimmung der Richtung von Verstzungsreaktionen verwendet werden, da die Richtung von der Summe der Energien der Anfangs– und Endzustände abhängt. Es wird immer der Zustand niedrigster Energie angestrebt.
$b^2 > b_1^2 + b_2^2$ → Aufspaltung
$b^2 < b_1^2 + b_2^2$ → Vereinigung

1.6 Flächenförmige Baufehler

1a) Das gebräuchlichste Verfahren zur Bestimmung von Korndurchmessern ist das Linienschnittverfahren (siehe auch Berechnung der Versetzungsdichte ρ_v):
Der mittlere Korndurchmesser berechnet sich dabei nach folgender Formel:

$$\bar{d} = \frac{L \cdot z \cdot 10^3}{(n_K - 1) \cdot V} \, [\mu m]$$

mit:
L ≙ Länge einer Linie → bekannt, Meßokular
z ≙ Anzahl der Linien → bekannt, Meßokular
n_K ≙ Anzahl der Schnittpunkte der Korngrenzen mit den Linien → auszählen
V ≙ Vergrößerung → bekannt, in der Regel immer mit angegeben.

b) Der gemessene Wert d ist immer kleiner als der wirkliche Korndurchmesser, da die Körner nur zufällig und in den seltensten Fällen genau in ihrem größten Durchmesser geschnitten werden.

2. Mit zunehmender Temperatur wird der Anteil, den die Korngrenzen an der plastischen Verformung haben immer größer. Die Kriechgeschwindigkeit $d\varphi/dt$ nimmt mit zunehmender Korngröße stark zu. Warmfeste Legierungen sollten daher aus möglichst großen Kristallen bestehen.
Das beste Kriechverhalten zeigen Einkristalle.

3.

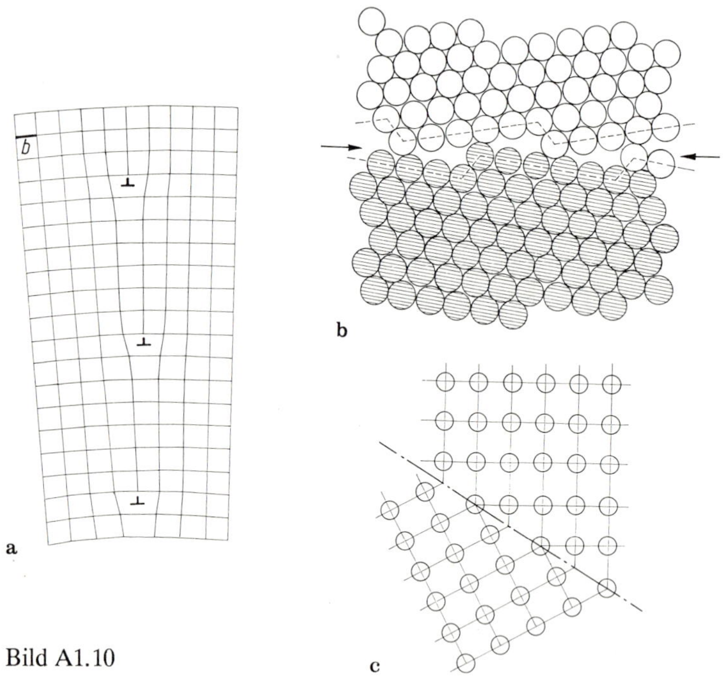

Bild A1.10

4. Es wird die stereographische Projektion verwandt. Projektionsebene ist die Blechoberfläche, in der die Walz- und Querrichtung gekennzeichnet werden müssen. Die Darstellung wird als Polfigur bezeichnet (Bild A1.11).

1 Aufbau einphasiger Stoffe

a Schnitt der Lagenkugel

b $\alpha = 50°$

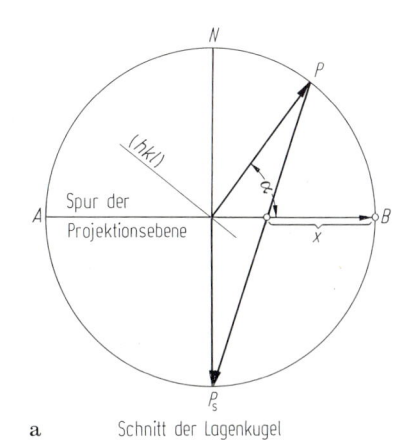

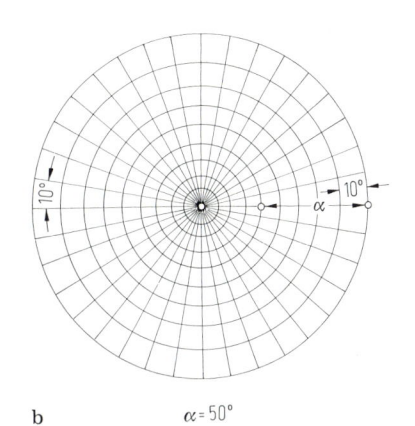

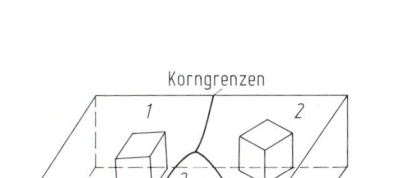

c

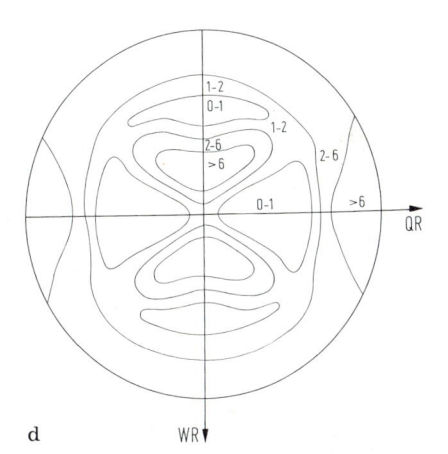

Bild A1.11

d

5.

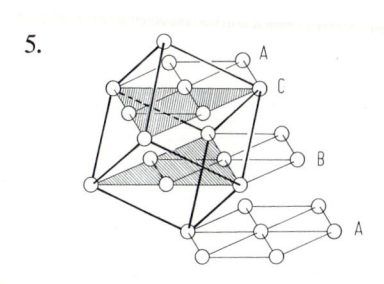

Die Stapel folgen im kfz–Gitter
A B C A B C A B C ...
Ein Stapelfehler A B C A B A B C A B C entspräche 2 Ebenen des hexagonal

dichtest gepackten Gitters. Er ist durch Teilversetzungen vom Typ $b = \frac{a}{2}$ [211] begrenzt.

1.7 Gläser

1. In allen, also in metallischen, keramischen und hochpolymeren, Werkstoffen sowie in Halbleitern.

2. – Infolge ihrer hohen Kristallisationsgeschwindigkeit entstehen metallische Gläser nur durch sehr schnelles Abkühlen von Schmelzen: $\dot{T} = dT/dt > 10^5$ K/s.
   – Nicht in reinen Metallen, sondern nur in besonderen Legierungen wie z.B. Fe–B, Ni–Nb, Co–B, die ein gutes "Glasbildungsvermögen" besitzen.

3. Glasstrukturen bilden sich immer aus verknäuelten Molekülen
   – geringer vernetzt: Elastomere
   – stark vernetzt: Duromere
   Auch wenig oder nicht verknäuelte Moleküle können Gläser bilden, falls die einzelnen Moleküle nicht parallel, sondern regellos nebeneinander angeordnet sind: glasige, oder teilglasige Plastomere.

4a) Isotropie   ≙ Richtungsunabhängigkeit,
 b) Anisotropie   ≙ Richtungsabhängigkeit,
   von Eigenschaften in einem Werkstoff. Die Eigenschaften von Gläsern sind isotrop, viele Kristalleigenschaften (Spaltbarkeit) anisotrop.
 c) Ein Haufwerk kleiner Kristalle zeigt bei regelloser Verteilung Quasiisotropie.

2 Aufbau mehrphasiger Stoffe

2.1 Mischphasen und Phasengemische

1. – Eine <u>Phase</u> ist ein Bereich mit konstanter atomarer Struktur und chemischer Zusammensetzung, durch Phasengrenzen oder Oberflächen von der Umgebung getrennt. (z.B. eine Flüssigkeit ist eine Phase, deren atomare Struktur weniger geordnet ist als eine kristalline Phase.)
   – Eine Phase kann aus einer (reiner Stoff) oder mehreren Komponenten (Mischphase) bestehen. Komponenten sind Atomarten (z.B. sind Fe und C Komponenten), aber auch die Verbindung Fe_3C (Zementit), wenn sie eine genau stöchiometrische Zusammensetzung aufweisen.
   – Bei einem <u>Phasengemisch</u> existieren im flüssigen oder festen Zustand mehrere Phasen nebeneinander.
   Anmerkung: im gasförmigen Zustand sind Atome und Moleküle immer völlig mischbar, d. h., dieser Zustand ist immer homogen und daher einphasig. Viele Werkstoffe bestehen aus Kristallgemischen, die dann ein mehrphasiges oder heterogenes Gefüge bilden.
   – In einer <u>Mischphase</u> sind Atome oder Moleküle einer <u>anderen</u> Art in einer Phase gelöst, d. h. atomar fein verteilt.

2. Die Härtungswirkung wird begrenzt durch die maximale Löslichkeit der Legierungsatome im Mischkristall, die wiederum durch die mehr oder weniger große Verzerrung des Grundgitters durch die Fremdatome beeinflußt wird.

3. – Stahl: α–Fe und Fe_3C
   – Beton: Kiesel und Sand, verklebt durch hydratisierten Zement
   – Holz: Zellulose und Lignin (Hohlräume)
   – GFK, CFK: Glas– bzw. Kohlefaser und Duromer

- Grauguß: Perlit (α–Fe+Fe$_3$C) und Graphit
- Silumin: Al (kfz) und Si (Diamantstruktur)

4.
   - Mischen von Phasen und nachfolgendes Sintern.
   - Tränken einer festen mit einer flüssigen Phase, die dann erstarrt.
   - Wärmebehandlung in einem Gebiet des Zustandsdiagramms, in dem zwei Phasen im Gleichgewicht sind.

5. Da die angegebenen Elemente alle zur Gruppe der Übergangsmetalle gehören, ist die Bindungsart für den Vergleich der Löslichkeit sekundär, so daß sie alleine von der Verzerrungsenergie abhängt. Diese wird mit zunehmenden Atomradien gegenüber dem des α–Fe größer, so daß sich folgende Reihe abnehmender Löslichkeit ergibt: Ni – Co – Mo – Nb. Ni und Co haben nur deshalb keine vollständige Löslichkeit mit α– Fe, weil sie selbst nicht im krz–Gitter kristallisieren.

2.2 Ein- und zweiphasige Zustandsdiagramme

1.
   - Den Massengehalt w (auch Gewichtsprozent w · 100 Gew.%):

$$w_A = \frac{m_A}{\Sigma m_i} \; ; \; \Sigma w_i = 1.$$

   - Den Stoffmengengehalt x (auch Atomprozent x · 100 At.%):

$$x_A = \frac{n_A}{\Sigma n_i} \; ; \; \Sigma x_i = 1.$$

   - Die Angabe von Konzentrationen c, die immer auf das Volumen bezogen werden:

$$c = \frac{n_A}{V} \; ; \; V \triangleq \text{Volumen}.$$

2.

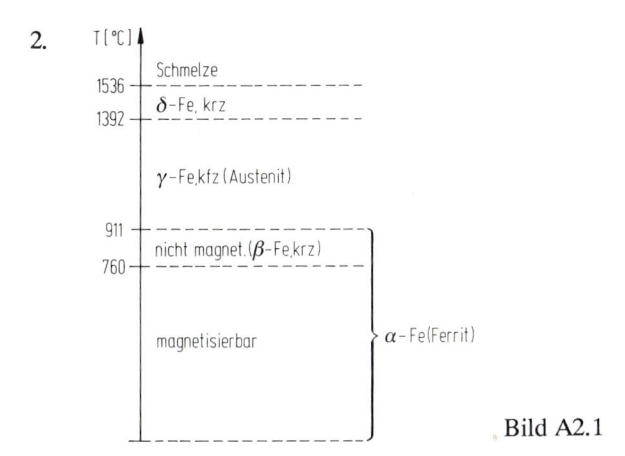

Bild A2.1

3. Die 5 Grundtypen der Zustandsdiagramme sind Gleichgewichts–Diagramme, aus denen sich alle anderen Zustandsdiagramme aufbauen lassen:

a) (fast) völlige Unmischbarkeit im flüssigen und festen Zustand der Komponenten, z. B. Fe–Pb:

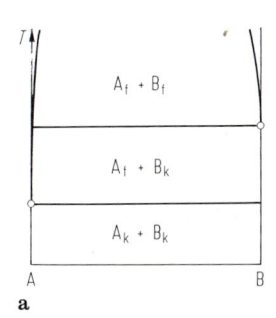

Bild A2.2a

b) völlige Mischbarkeit im kristallinen und flüssigen Zustand der Komponenten, z. B. Cu–Ni, Cu–Au, UO_2–PuO_2, Al_2O_3–Cr_2O_3 (eingezeichnet ist der Verlauf der Zusammensetzung einer Legierung x bei der Erstarrung):

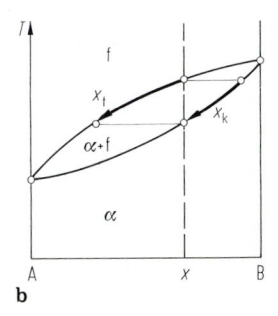

x_f (Flüssigkeit)
x_k (Mischkristall)

Bild A2.2b

c) begrenzte Mischbarkeit im kristallinen Zustand bei vollständiger Mischbarkeit im flüssigen Zustand – eutektisches System, z.B. Al–Si, Ag–Cu, Pb–Sb, Fe–C.

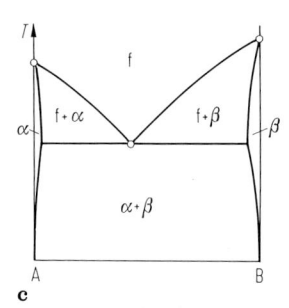

Bild A2.2c

d) begrenzte Mischbarkeit im kristallinen Zustand bei vollständiger Mischbarkeit im flüssigen Zustand – peritektisches System, z.B. Ag– Pt, Cd–Hg, Cu–Al, Sn, Zn.

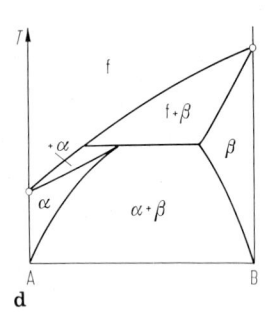

Bild A2.2d

e) Bildung einer Verbindung, z.B. Au–Pb: CaO–Al$_2$O$_3$

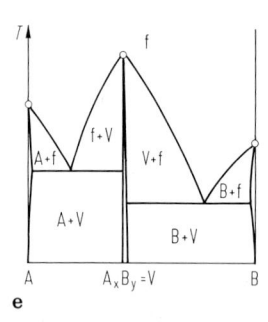

Bild A2.2e

4. Das Zustandsdiagramm gibt die Schmelztemperatur oder den Schmelzbereich und damit die obere Verwendungstemperatur eines Werkstoffes an. Im festen Zustand

gibt es in Abhängigkeit von der Temperatur und der chemischen Zusammensetzung die Art und Anzahl der Phasen an.

5.
- räumliche Darstellung
- Konzentrationsdreieck
- quasibinärer Schnitt
- isothermer Schnitt (Projektion der Isothermen auf das Konzentrationsdreieck).

6. Das thermodynamische Gleichgewicht ist definiert als der Zustand des Minimums der freien Energie. Es umfaßt
- das mechanische Gleichgewicht → System ist in Ruhe,
- das thermische Gleichgewicht → keine Temperaturgradienten und
- das chemische Gleichgewicht → keine Triebkraft für die Reaktionen

Alle Stoffe streben diesen speziellen, durch das Zustandsschaubild angegeben Zustand an.

7. Für das Auftreten von metastabilen Gleichgewichten ist neben der hohen Aktivierungsenergie zur Bildung der stabilsten Phase die Existenz einer weniger stabilen Phase notwendig. Infolge ihrer niedrigeren Aktivierungsenergie ist die Existenz dieser Phase wahrscheinlicher.

8.
- Zinn: metallisches Zinn (β–Sn) ist nur oberhalb von 13 °C stabil (Zinnpest).
- Eisen: bei tiefen Temperaturen stellt das kubisch–raumzentrierte α–Fe die stabilste Phase dar.

2.3 Das System Al-Si

1. Aus dem Zustandsdiagramm folgt für die Löslichkeit von
   - Si in Al: die größte Löslichkeit beträgt 1,59 At.% Si bei 577 °C,
   - praktisch keine Löslichkeit von Al in Si.

2. Die eutektische Zusammensetzung ist für Gußlegierungen am geeignetesten, da die Schmelztemperatur am niedrigsten ist und das eutektische Gefüge ein sehr gleichmäßiges Kristallgemisch sein kann. Wird für das Gußstück zusätzlich eine hohe Verschleißfestigkeit gefordert, so wählt man eine übereutektische Zusammensetzung, da sich dann Siliziumkristalle großer Härte ausscheiden (Kolbenlegierungen).

3. Nein.

4. Hebelgesetz (die gefragte Legierungszusammensetzung Al 50 At.% Si wird mit einem "X" bezeichnet):

$$\frac{X_\alpha}{X_\beta} = \frac{X_\beta - X}{X - X_\alpha} \tag{1}$$

$$X_\alpha + X_\beta = 1 \tag{2}$$

aus dem Zustandsdiagramm (s. Aufgabenstellung):
$X_f = 27$ At.%

$X_{Si} = 100$ At.%

$X = 50$ At.%

$X_f(X-X_f) = X_{Si}(X_{Si}-X)$

$$\frac{X_f}{X_{Si}} = \frac{X_{Si} - X}{X - X_f} = \frac{1{,}0 - 0{,}5}{0{,}5 - 0{,}27} = 2{,}17$$

$X_f + X_{Si} = 1 \qquad \left| \cdot \dfrac{1}{X_{Si}} \right.$

$$\frac{X_f}{X_{Si}} + 1 = \frac{1}{X_{Si}}$$

$$2{,}17 + 1 = \frac{1}{X_{Si}} \qquad\qquad \underline{\underline{X_{Si} = 0{,}315 \,\hat{=}\, 31{,}5\,\%}}$$

$$\underline{\underline{X_f = 0{,}685 \,\hat{=}\, 68{,}5\,\%}}$$

5. Die Gibbsche Phasenregel gibt die Anzahl der Freiheitsgrade (x,T,p) in einem System mit K Komponenten und P Phasen an. Für kondensierte Phasen gilt p ≈ const.

$V = K - P + 1$

K = Anzahl der Komponenten

P = Anzahl der Phasen

Bei der eutektischen Reaktion stehen 3 Phasen einer zweikomponentigen Legierung im Gleichgewicht:

$V = 2 - 3 + 1 = 0$

Da der Freiheitsgrad gleich Null ist, kann weder die Temperatur noch die Zusammensetzung frei gewählt werden.

2.4 Das metastabile Zustandsdiagramm Fe-Fe$_3$C

1. α–Fe: $\ \widehat{=}\ $ Ferrit
   γ–Fe: $\ \widehat{=}\ $ Austenit
   Fe$_3$C: $\ \widehat{=}\ $ Zementit
   α–Fe + Fe$_3$C: $\ \widehat{=}\ $ Perlit

   Das Eutektikum des metastabilen Systems wird Ledeburit genannt. Die durchgezogenen Linien geben das metastabile System wieder.

   3–Phasengleichgewichte:

   Euktektikum: Schmelze → γ–Fe + Fe$_3$C (Ledeburit)
   Bei weiterer Abkühlung wandelt γ–Fe in Perlit um, so daß ein Ledeburit genanntes Gefüge aus α–Fe + Fe$_3$C vorliegt.
   Eutektoid: γ–Fe → α–Fe + Fe$_3$C (Perlit)
   Peritektikum: δ–Fe + f → γ–Fe.

2. γ–Fe hat ein kubisch flächenzentriertes Gitter, in dem die Raummitte nicht besetzt ist. Diesen Platz nimmt das Kohlenstoffatom ein, so daß bei 1153 °C eine maximale Löslichkeit von 2,08 Gew.% C auftritt. Im kubisch raumzentrierten α–Fe ist die Raummitte von einem Fe–Atom besetzt, so daß lediglich zwischen 700 und 800 °C eine sehr geringe Löslichkeit von 0,02 Gew.% für Kohlenstoff existiert (bei RT praktisch unlöslich).

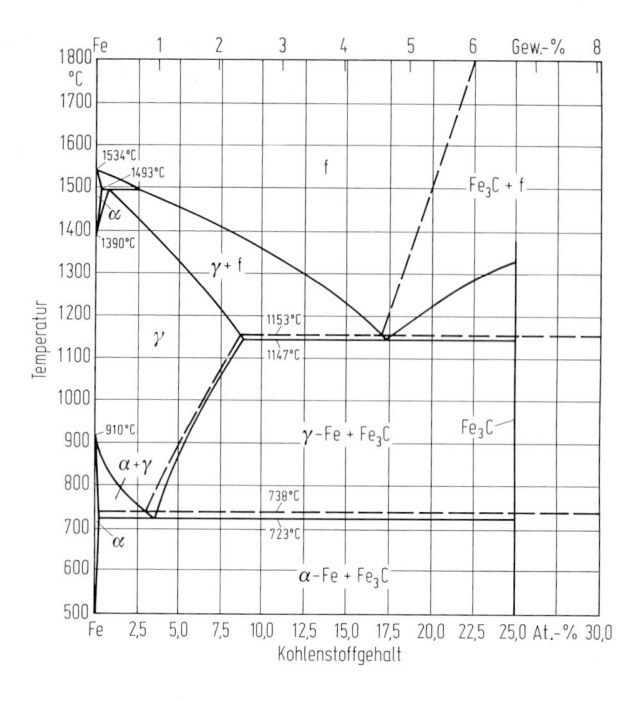

Bild A2.3

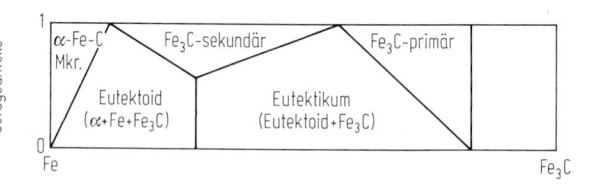

Bild A2.4

4a) Baustähle $\leq 0{,}2$ Gew.% C (nicht härtbar)
 b) Werkzeugstähle $0{,}3$–$2{,}5$ Gew.% C (härtbar)
 c) Gußeisen $\approx 4{,}3$ Gew.% C (Eutektikum)

2.5 Keimbildung und Erstarrung

1.   – Plasma,
   – Gas,
   – Flüssigkeit,
   – Festkörper (kristallin, amorph).

2 Aufbau mehrphasiger Stoffe

Der Unterschied zwischen einem Plasma und einem Gas besteht darin, daß sich im Plasma die Atomkerne und die Elektronen unabhängig voneinander bewegen.

2. — Plasma → Beschichten,
 — Gas → Aufdampfen,
 — Flüssigkeit → Gießen,
 — Festkörper → Sintern, Umformen.

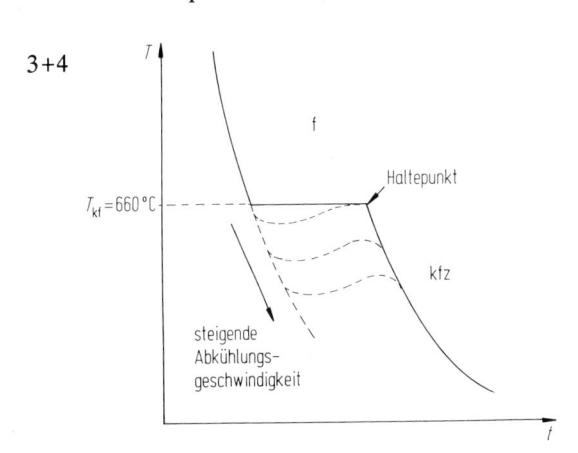

3+4

Bild A2.5

Die im Bild A2.5 durchgezogene Linie gibt den idealen Verlauf bei der Abkühlung wieder: bei der Temperatur T_{kf} stehen die flüssige und feste Phase im Gleichgewicht, so daß nach dem Zustandsdiagramm bei weiterer Abkühlung unmittelbar die Kristallisation erfolgen müßte. Real (gestrichelte Linie) mißt man bei endlichen Abkühlungsgeschwindigkeiten für den Kristallisationsbeginn eine niedrigere Temperatur, da für die Kristallisation erst Keime gebildet werden müssen. Die Triebkraft der Keimbildung ist dabei proportional der Unterkühlung der Schmelze unter die Gleichgewichtstemperatur.

5. Die Gesamtenergie ΔG_k für die Keimbildung setzt sich aus zwei Termen zusammen:

$$\Delta G_K = \underbrace{-\frac{4}{3}\pi r^3 \Delta g_{fk}}_{\text{Volumen einer kugelförmigen Zone}} + \underbrace{4\pi r^2 \sigma_{fk}}_{\text{Oberfläche}}$$

Während der erste Term die aus der Unterkühlung resultierende, auf das Volumen bezogene freie Energie enthält, ist im zweiten Term die für die Bildung der Oberfläche des Keims notwendige Grenzflächenenergie σ_{fk} berücksichtigt.

a) Bei der homogenen Keimbildung ist zur Bildung der neuen Phase eine gewisse Unterkühlung notwendig. Dabei treten in der unterkühlten Phase statistische Schwankungen der Atomanordnung auf. Dieser Vorgang kann mit dem Boltzmannschen Verteilungsgesetz beschrieben werden:

$$n_K = N \cdot \exp\left(-\frac{\Delta G_K}{RT}\right).$$

Dabei ist N die Gesamtzahl der Atome und n_K die Zahl der Schwankungen der Größe r_K (d. h. die Zahl der wachstumsfähigen Keime).

b) Wird ein Teil der Grenzflächenenergie durch bereits existierende Grenzflächen wie z. B. die Formwand aufgebracht, beginnt an dieser die Keimbildung und damit das Kristallwachstum = heterogene Keimbildung. (Im Fall von absichtlich in die Schmelze gebrachten Kriställchen spricht man vom Impfen.)

6. Man erhält ein sehr feinlamellares Gefüge mit günstigen mechanischen Eigenschaften.

 Die Anwendung erstreckt sich auf geeignete (Zustandsdiagramm) technische Gußlegierungen, um deren niedrige Schmelztemperatur und die feinverteilte Ausbildung der Komponenten des Eutektikums auszunutzen.

7. Die Schmelzüberhitzung wird grundsätzlich immer dann angewandt, wenn höher schmelzende Phasen vollständig aufgelöst werden müssen, um bei der anschließenden Erstarrung eine heterogene Keimbildung zu unterbinden.

 Für den Stahl heißt dies, daß bei der Schmelztemperatur zunächst die metallische Matrix schmilzt, die Karbide jedoch unaufgelöst bleiben. Durch die Überhitzung der Schmelze werden jedoch auch die Karbide vollständig aufgelöst, so daß eine homogene schmelzflüssige Phase vorliegt.

8. Die heterogene Keimbildung wird durch das absichtliche Einbringen von Keimkristallen oder auch zusätzlichen Grenzflächen gezielt unterstützt.

 Einen Spezialfall stellt das Züchten von Einkristallen dar. Hier wird ein Impfstab in die Schmelze gehalten und mit einer definierten Geschwindigkeit (Kristallisationsgeschwindigkeit) wieder herausgezogen, so daß die schmelzflüssige Phase als ein einzelner Kristall an diesem Stab kristallisieren kann.

9. Bei der dendritischen Erstarrung gibt es keine ebene Erstarrungsfront, sondern eine instabile Grenzfläche zwischen der flüssigen und der festen Phase. Voraussetzung für das Fortschreiten der Erstarrung ist, daß die freiwerdende Kristallisationswärme durch das flüssige Metall abgeführt wird. Darüber hinaus ist die Schmelze im Vergleich zu der kristallinen Phase unterkühlt (konstitutionelle Unterkühlung). Dies hat zur Folge, daß jede noch so kleine Unebenheit der Grenzfläche in ein Gebiet höherer Unterkühlung gelangt und im Vergleich zu anderen Teilen der Oberfläche wesentlich schneller wächst (Dendritenform).

10a) Wird ein feinkörniges Gefüge angestrebt, ist bei dem Erstarrungsvorgang eine möglichst große Keimzahl notwendig. Die dazu erforderliche große Unterkühlung wird durch möglichst schnelles Abkühlen unterhalb der Gleichgewichtstemperatur erreicht.

b) Für die Herstellung eines Einkristalls muß die Unterkühlung beim Erstarren möglichst klein sein, so daß die Anzahl der wachstumsfähigen Keime idealerweise n_K = 1 ist. Die Abkühlungsgeschwindigkeit darf nicht oberhalb der Kristallisationsgeschwindigkeit liegen.

11a) Lunkerbildung (offene Kokille)
b) Porenbildung (geschlossene Kokille).

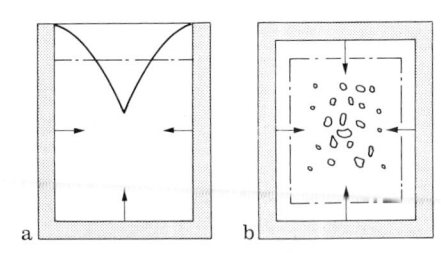

Bild A2.6

12. Die Anwendungen von Vielstoffeutektika ergeben sich aus den in der Regel stark erniedrigten Schmelztemperaturen, Beispiele:
– Herstellung von Loten
– Lettermetall in der Druckereitechnik.

3 Grundlagen der Wärmebehandlung

3.1 Wärmebehandlung

1. – Bildung von homogenen Mischkristallen oder geordneten intermetallischen Verbindungen.
   – Kristallerholung, Rekristallisation, Kornwachstum
   – Nitrieren, Aufkohlen
   – Bildung von Ausscheidungen

2. Eine Wärmebehandlung ist die Anwendung eines Verfahrens oder einer Kombination mehrerer Verfahren, bei denen ein Werkstoff im festen Zustand speziellen Temperaturänderungen unterworfen wird mit dem Ziel, ein bestimmtes Gefüge mit bestimmten Werkstoffeigenschaften zu erzeugen.

3. – Stahlhärtung: Steigerung von Härte durch Erhitzung im Austenit–Gebiet und anschließender schneller Abkühlung zur martensitischen Umwandlung.
   – Anlassen: Nach der Härtungsbehandlung Erwärmung auf 200 bis 600 °C, um den spröden Martensit durch Abbau von inneren Spannungen und Ausscheidung von Karbiden in einen duktileren Zustand zu überführen.
   – Normalglühen: Neubildung des Gefüges durch kurzzeitige Erhitzung ins Austenit–Gebiet und Abkühlung. Dadurch Kornneubildung, Beseitigung von Texturen und der Verfestigung.
   – Aushärtung: Bildung von Ausscheidungen aus einem übersättigten Mischkristall zur Streckgrenzensteigerung.

2. Allgemein: Bei der Abkühlung des Zylinders von der Wärmebehandlungstemperatur kühlt der Rand zunächst schneller ab als der Kern. Bei positivem Wärmeausdehnungskoeffizient hat das zur Folge, daß der Rand schneller kontrahiert als der Kern und so diesen unter eine Druckspannung setzt (Bild A3.1). Aus dem Gleichgewicht der Kräfte folgt, daß dann der Rand unter einer Zugspannung steht. Mit fortschreitender Abkühlung werden, durch die nachfolgenden Kontraktionen des Kerns, die Druckspannungen zunehmend abgebaut und es tritt eine Spannungsumkehr ein. Nach dem völligen Erkalten steht der Randbereich unter einer Druck- und der Kern unter einer Zugspannung.

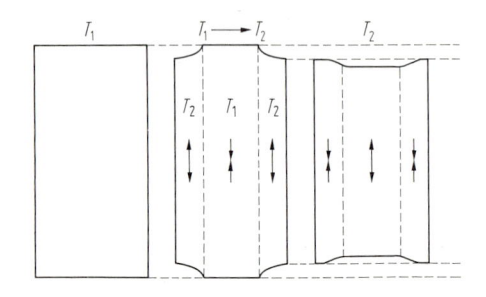

Bild A3.1

a) Kupfer; Ausdehnungskoeffizient $\alpha > 0$: Kupfer besitzt eine gute Wärmeleitfähigkeit, so daß der Temperaturgradient und damit die Eigenspannungen bei der Abkühlung gering sind. Bei sehr schroffer Abkühlung können die inneren Spannungen die Streckgrenze R_p überschreiten, so daß plastische Verformungen auftreten.

b) Jenaer-Glas (Hauptbestandteile: SiO_2, Na_2O, Al_2O_3, B_2O_3); Ausdehnungskoeffizient $\alpha \approx 0$: Das Zulegieren von Boroxid reduziert den Ausdehnungskoeffizient auf nahezu Null, so daß bei Temperaturwechseln nur geringe innere Spannungen auftreten.

c) Werkzeugstahl 0,8 Gew.-% C; $\alpha_{\gamma \to \alpha} < 0$; Bei hinreichend schneller Abkühlung eines Werkzeugstahls mit 0,8 Gew.% C von der Homogenisierungstemperatur tritt bei ca. 730 °C eine Phasenumwandlung von Austenit zum Martensit ein. Dies ist mit einer Volumenzunahme verbunden, so daß sich der Kern des Zylinders gegen die bereits erkaltete Randschicht ausdehnen muß. Dies führt zu Zugspannungen im Randbereich, die gegebenenfalls die Zugfestigkeit überschreiten und zu Härterissen führen.

5a) Stähle: In der Wärmeeinflußzone (WEZ) wird der zu schweißende Werkstoff wärmebehandelt und zwar mit Temperaturen, die, je nach Abstand von der Schweißnaht, zwischen der Schmelztemperatur der Legierung und der Raumtemperatur liegen. Bei Stählen mit einem hohen Kohlenstoffgehalt führt diese unbeabsichtigte Wärmebehandlung durch örtliche Martensitbildung zu einer unerwünschten Versprödung der WEZ und begrenzt deren Schweißbarkeit.

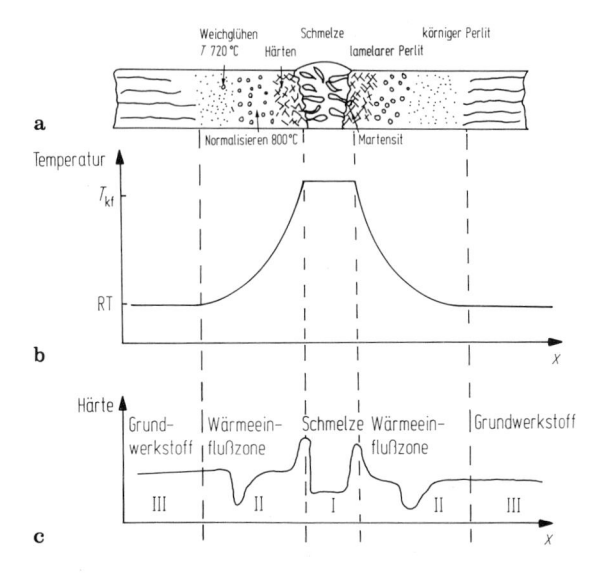

Bild A3.2

b) Aluminium: Die hochschmelzende Passivschicht (Al$_2$O$_3$) auf Aluminium führt bei einer Schweißung durch ungenügende Benetzung zu mangelhafter Bindung.

3.2 Diffusion

1. — Gasförmiger und flüssiger Zustand: Konvektion und Diffusion.
   — Fester Zustand: Diffusion, Ionenimplantation.

2. Diffusion ist der thermisch aktivierte Platzwechsel einzelner Atome. Dabei diffundieren substitutionell eingelagerte Atome durch Platzwechsel mit Leerstellen. Im Gegensatz dazu, können Zwischengitteratome (interstitiell eingelagert) unabhängig von Leerstellen auf benachbarte Zwischengitterplätze diffundieren. Quantitativ wird das Diffusionsverhalten durch den Diffusionskoeffizienten D_0 und die Aktivierungsenergie Q beschrieben: $D = D_0 \exp(-Q/RT)$.

3. γ–Fe hat eine größere Packungsdichte (4 Atome/Elementarzelle) als α–Fe (2 Atome/Elementarzelle). Dies hat zur Folge, daß im γ–Fe zwar größere aber dafür auch weniger Zwischengitterplätze vorhanden und damit die Diffusionswege länger sind.

4. Gegeben sind die
   - Einsatztiefe: $x = 0{,}3$ mm
   - Glühdauer: $t = 0{,}5$ h
   - Glühtemperatur: $T = 850\,°C$
   - Diffusionskonstante für C in γ–Fe: $D_0 = 0{,}2 \cdot 10^{-4}$ m^2/s
   - Aktivierungsenergie für C in γ–Fe: $Q = 130$ KJ/mol
   - allgemeine Gaskonstante: $R = 8{,}314$ J/mol K

   (Die Aufkohlung erfolgt immer in der γ–Phase des Stahls, aufgrund der dort sehr viel höheren Kohlenstofflöslichkeit.) Die mittlere Eindringtiefe $\overline{\Delta x}$ und der Diffusionskoeffizient D errechnen sich nach folgenden Gleichungen:

$$\overline{\Delta x} = \sqrt{D \cdot t} \qquad (1)$$

$$D = D_0 \exp\left(-\frac{Q}{RT}\right) \qquad (2)$$

Lösung:

a) $\overline{\Delta x}_a = 3\overline{\Delta x}$, $D_a = D$

aus (1):

$$t = \frac{\overline{\Delta x}^2}{D}$$

$$\underline{\underline{t_a}} = \frac{\overline{\Delta x}_a^2}{D_a} = \frac{9\overline{\Delta x}^2}{D} = 9t = 9 \cdot 0{,}5\text{ h} = \underline{\underline{4{,}5\text{ h}}}$$

b) $\overline{\Delta x}_b = 3\overline{\Delta x} = 3 \cdot 0{,}3 \cdot 10^{-3}$ m $= 0{,}9 \cdot 10^{-3}$ m

$t_b = t = 1{,}8 \cdot 10^3$ s

aus (1):

$$D_b = \frac{\overline{\Delta x}_b^2}{t_b} = \frac{0{,}81 \cdot 10^{-6}\text{ m}^2}{1{,}8 \cdot 10^3\text{ s}} = 0{,}45 \cdot 10^{-9}\text{ m}^2/\text{s}$$

aus (2):

$$\underline{\underline{T_b}} = -\frac{Q}{R \ln \dfrac{D_b}{D_o}} = -\frac{130 \cdot 10^3 \text{ J/mol}}{8{,}314 \text{ J/molK} \cdot \ln \dfrac{0{,}45 \cdot 10^{-9} \text{ m}^2/\text{s}}{0{,}2 \cdot 10^{-4} \text{ m}^2/\text{s}}} =$$

$$\underline{\underline{= 1461 \text{ K} \cong 1188\,°C}}$$

5. – Beim <u>Einsatzhärten</u> wird ein kohlenstoffarmer und daher nicht härtbarer Stahl durch einen Diffusionsprozeß in der Randschicht mit Kohlenstoff angereichert. Diese Aufkohlung erfolgt im γ–Gebiet, da hier eine höhere Kohlenstofflöslichkeit existiert. Von der Einsatztemperatur wird abgeschreckt (siehe 3.1 Stahlhärtung), so daß die kohlenstoffangereicherte Randschicht martensitisch umwandelt.
 – Die <u>Nitrierhärtung</u> erfolgt über das Eindiffundieren von Stickstoffatomen im α–Fe. Zwar wäre auch hier die Löslichkeit von N im γ–Gebiet höher, aber das im Austenit entstandene Eisennitrid (Fe_4N) ist sehr spröde und neigt zum Abplatzen. Außerdem liegt ein Vorteil der Nitrierbehandlung gerade darin, daß die große Härte nicht durch eine martensitische Umwandlung und der damit einhergehenden Volumenänderung erzielt wird, sondern durch eine feine Verteilung der Nitridpartikel. Die Härte läßt sich durch das Zulegieren von Al noch steigern, da dieses eine hohe Affinität zu N besitzt und mit ihm ein Aluminiumnitrid (AlN mit Wurzitstruktur, ähnlich der Diamantstruktur) bildet.
 – Das Zustandsdiagramm Fe–B zeigt, daß Bor praktisch keine Löslichkeit im Eisen besitzt, so daß auch kein Diffusionsbereich mit abnehmender Borkonzentration entsteht. Es bildet sich lediglich eine sehr harte Borzwischenschicht aus (Fe_2B), die mit dem Grundwerkstoff "verzahnt" ist.

6. Lösung mit dem 2. Fickschen Gesetz:

$$\frac{\delta c}{\delta t} = D \frac{\delta^2 c}{\delta x^2} \tag{1}$$

Die allgemeine Lösung der Differentialgleichung lautet

$$c(x,t) = A\phi(\xi) + B \qquad (2)$$

$$\phi(\xi) = \int e^{-\xi^2} d\xi \qquad \text{(Gaußsches Fehlerintegral)}$$

$$\xi = \frac{x}{2\sqrt{Dt}}$$

A und B sind Konstanten, die durch Anfangs- und Randbedingungen ermittelt werden können:

$$A = -\frac{1}{\sqrt{\pi}}(c_A - c_W)$$

$$B = \frac{1}{2}(c_A + c_W) = c_M$$

$$c(x,t) = c_M - \frac{1}{2}(c_A - c_M)\phi(\xi) \qquad (3)$$

Der Konzentrationsverlauf kann nun mit (3) für beliebige Zeit- und Ortskoordinaten berechnet werden.

Für das hier vorliegende Problem soll eine Tabelle erstellt werden:

$$t_1 = 10^4 \text{ s} \; ; \; t_2 = 10^5 \text{ s}$$

$$\xi_1 = \frac{x_1}{2\sqrt{Dt_1}} = 707 \, x \; ; \; \xi_2 = \frac{x_2}{2\sqrt{Dt_2}} = 224 \, x$$

Da gilt:

$$\phi(-\xi) = -\phi(\xi)$$

muß der Konzentrationsverlauf nur in einem Halbraum berechnet werden (Kurve ist punktsymmetrisch zu c_M).

3 Grundlagen der Wärmebehandlung

x in m	0	$5\cdot 10^{-4}$	$1\cdot 10^{-3}$	$2\cdot 10^{-3}$	$3\cdot 10^{-3}$	$4\cdot 10^{-3}$	$5\cdot 10^{-3}$	$6\cdot 10^{-3}$	10^{-2}
ξ_1	0	0,35	0,71	1,41	2,12				
ξ_2	0	0,11	0,22	0,45	0,67	0,90	1,12	1,34	2,24
$\phi(\xi_1)$	0	0,38	0,68	0,96	1,00				
$\phi(\xi_2)$	0	0,13	0,25	0,47	0,66	0,80	0,89	0,94	1,00
$c_N(x,t_1)$	0,85	0,56	0,34	0,13	0,10				
$c_W(x,t_2)$	0,85	0,76	0,66	0,49	0,36	0,25	0,18	0,14	0,10
$c_A(x,t_1)$		1,14	1,36	1,57	1,60				
$c_A(x,t_2)$		0,94	1,04	1,21	1,34	1,45	1,52	1,56	1,60

Das Konzentrationsprofil ist in Bild A3.3 dargestellt.

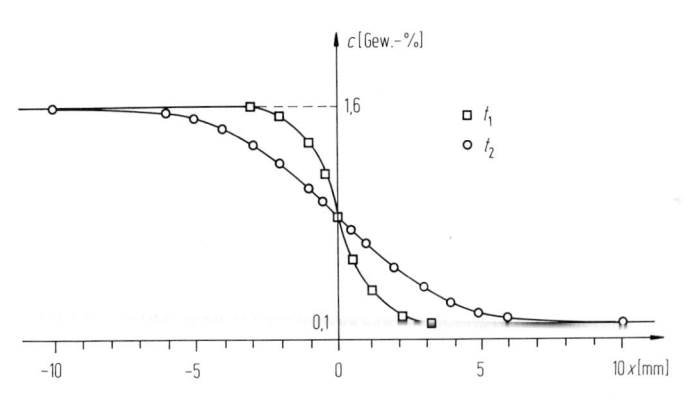

Bild A3.3

3.3 Rekristallisation

1. Notwendige Voraussetzung für die Rekristallisation ist eine hohe Defektdichte, z. B. Versetzungen durch Kaltverformung oder Punktfehler durch Bestrahlung. Die treibende Kraft für die Rekristallisation resultiert aus der Differenz der Defektdichten vor und nach der Rekristallisationsfront, wobei für die Auslösung der Re-

kristallisation eine thermische Aktivierung notwendig ist:

$$P_R \sim (\rho_0 - \rho_1),$$

ρ_0 = Defektdichte vor der Rekristallisationsfront
ρ_1 = Defektdichte nach der Rekristallisationsfront

2. Ziele der Rekristallisation sind:
   − Weichglühen,
   − Einstellen einer großen oder kleinen Korngröße und
   − Einstellung einer bestimmten Textur.

3. − Versetzungen
   − Stapelfehler
   − Kleinwinkelkorngrenzen
   − Korngrenzen

4. Feinkörnige Gefüge können erzeugt werden durch:
   − eine große Keimzahl bei der Erstarrung, die durch die starke Unterkühlung erzeugt wird (homogene Keimbildung),
   − Ausnutzung der heterogenen Keimbildung, die durch das Impfen der Schmelze mit kleinen Kristalliten ausgelöst wird und
   − eine Rekristallisationsglühung bei einer sehr hohen Defektdichte ($\rho > \rho_c$).

5. Die Gleichung für die Zeit bis zum Ende der Rekristallisation t_R lautet:

$$t_R = t_0(\rho) \exp\left(\frac{H_R(\rho)}{RT}\right) \qquad (1)$$

Es kann angenommen werden, daß die Aktivierungsenergie für Rekristallisation $H_R(\rho)$ gleich der Aktivierungsenergie für Selbstdiffusion Q_{SD} ist.
Aus (1) folgt:

$$T_2 = \frac{Q_{SD}}{R \cdot \ln \dfrac{t_{R2}}{t_0}} \qquad (2)$$

und

$$t_0 = t_{R1} \exp(-\frac{Q_{SD}}{RT_1}) \qquad (3)$$

Mit (3) in (2) ergibt sich

$$T_2 = \cfrac{1}{\cfrac{R}{Q_{SD}} \ln \cfrac{t_{R2}}{t_{R1}} + \cfrac{1}{T}} = \cfrac{1}{\cfrac{8{,}314}{24 \cdot 10^4} \ln \cfrac{0{,}5}{3} + \cfrac{1}{873}} \text{ K} = 923 \text{ K} \cong 650\,°\text{C}$$

3.4 Aushärtung

1. Reaktionstypen:
  a) Erholung ist die Änderung der Defektanordnung durch Annihilation und Umordnung (Annihilation von Leerstellen zu Versetzungen oder Bildung von Kleinwinkelkorngrenzen aus Versetzungen).
  b) Entmischung ist die örtliche Änderung der chemischen Zusammensetzung ohne Änderung der Struktur der Grundmasse.
  c) Umwandlung ist die vollständige Änderung der Struktur.

2. Voraussetzung für die Ausscheidungshärtung ist eine abnehmende Löslichkeit mit abnehmender Temperatur. Im ersten Schritt erfolgt eine Homogenisierungs–(Lösungs–)glühung des α–Mischkristalls bei einer Temperatur von T = 580 °C. Nachfolgend wird rasch abgeschreckt, so daß bei Raumtemperatur ein übersättigter Mischkristall $\alpha_{\ddot{u}}$ vorliegt. Zwischen 20 °C < T < 150 °C bildet sich aus dem übersättigten Mischkristall eine zweite stabile Phase β aus (Bild A3.4):

$$\alpha_{\ddot{u}} \rightarrow \alpha + \beta$$

3. Der Beginn der Ausscheidung wird durch die Gleichung

$$t_{AB} = t_0 \exp(\frac{\Delta F_K(T) + Q_D}{RT})$$

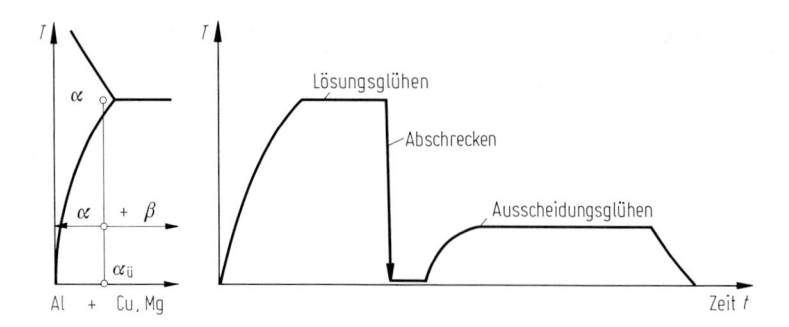

Bild A3.4

beschrieben. Darin ist ΔF_K die temperaturabhängige Aktivierungsenergie für die Keimbildung, die bei T* unendlich groß ist, aber mit zunehmender Unterkühlung abnimmt ($0 < \Delta F_K < \infty$). Q_D ist die temperaturunabhängige Aktivierungsenergie für Diffusion. Daraus ergibt sich die in Bild A3.5 gezeichnete Form der Kurve:

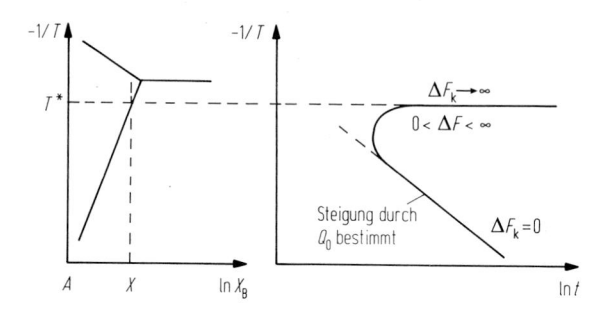

Bild A3.5

4. Angestrebt:
   - Feine Dispersion kohärenter Teilchen in den Körnern.
   - Der Teilchenabstand und die Teilchengröße (Durchmesser) sollten möglichst klein sein.

   Ungünstig:
   - Grobe und ungleichmäßige Verteilung der Teilchen.
   - Ausscheidung inkohärenter Teilchen auf den Korngrenzen

3 Grundlagen der Wärmebehandlung

5. Die feinste Dispersion entsteht durch homogene Keimbildung, also durch starke Übersättigung und Unterkühlung (Bild A3.6):

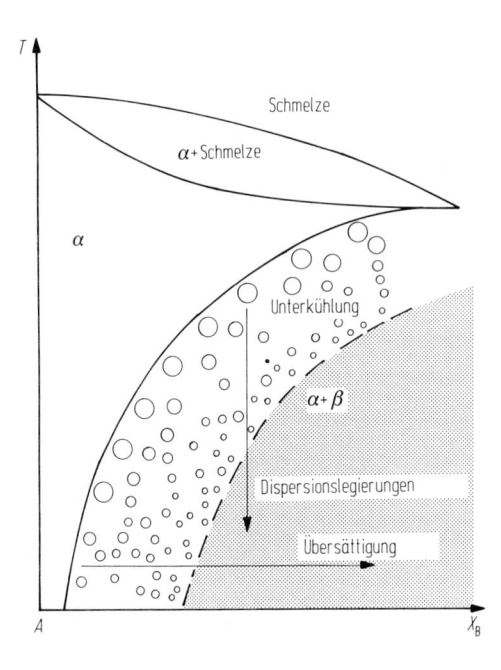

Bild A3.6

6.

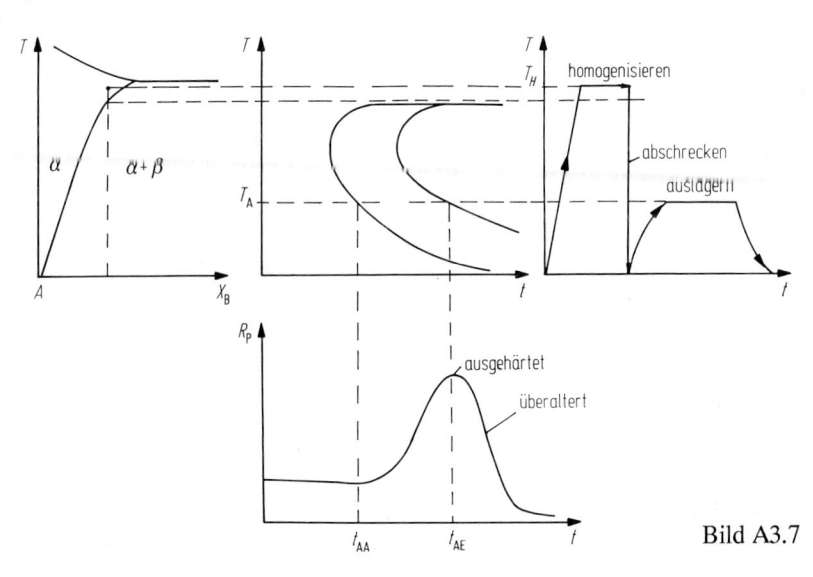

Bild A3.7

7. Eine thermo–mechanische Behandlung ist eine gezielte Kombination von Kalt– oder Warmverformung und anschließenden Umwandlungsvorgängen mit dem Ziel der Festigkeitssteigerung. Durch die Verformung wird dabei im Werkstoff eine hohe Versetzungsdichte induziert. Da an Gitterdefekten (Orte höherer Energie) eine bevorzugte Keimbildung stattfindet, können sich bei der anschließenden Wärmebehandlung Ausscheidungsteilchen oder Martensit sehr fein und homogen verteilt bilden.

   Beispiele:
   — Beim Austenitformhärten von Stählen wird die Abkühlung im Austenitgebiet unterbrochen, um einen schnellen Umformprozeß (Warmwalzen mit starker Querschnittsabnahme) einzuschieben. Dabei werden viele Versetzungen erzeugt, an denen sich bei der anschließenden weiteren schnellen Abkühlung der Martensit sehr fein verteilt bildet. Dieser Martensit ist allerdings sehr hart und spröde, so daß der Werkstoff noch bei ca. 400 °C angelassen wird. Dabei geht ein Teil der ursprünglichen Härte aufgrund der teilweisen Ausscheidung des übersättigten Kohlenstoffs verloren. Dies wird jedoch durch die gleichzeitige Bildung von fein verteilten Karbiden (Ausscheidungshärtung) ausgeglichen und gleichzeitig eine wesentlich höhere Duktilität erzielt.
   — Bei den martensitaushärtenden Stählen wird zunächst der übersättigte und metastabile Austenit durch Abkühlung umgewandelt. Da diese Stähle fast frei von Kohlenstoff sind, bildet sich nur ein relativ weicher Martensit. Durch die hohe innere plastische Verformung bei der Umwandlung wird jedoch eine hohe Versetzungsdichte erzeugt. In diesem Zustand erfolgt in der Regel die endgültige Formgebung, bei der weitere Versetzungen induziert werden. Anschließend wird der übersättigte Mischkristall zur Ausscheidungshärtung auf Temperaturen um ca. 500 °C gebracht. Dabei bilden sich aus den Legierungselementen Al, Si, Mo, oder/und Ti in Verbindung mit den Elementen der Grundmasse Fe, Ni und Co intermetallische Verbindungen hoher Härte. Keimstellen für diese Teilchen sind wiederum die vorhandenen Versetzungen, die zu einer sehr feinen und homogenen Verteilung der Ausscheidungen führen.

8. — Keimbildung: Die Keimbildung im Innern fester Stoffe wird zum einen durch den Aufbau der neuen Grenzflächen und zum anderen durch die Verzerrung des umgebenden Kristallgitters beeinflußt.
   — Keimwachstum: Bildung von Teilchen aus dem übersättigten Mischkristall bis die Gleichgewichtszusammensetzung der Matrix erreicht ist.

- Teilchenwachstum (Ostwald–Reifung): Abbau der Konzentrationsgradienten zwischen großen und kleinen Teilchen durch Umlösungsvorgänge. Die Folge ist eine Verringerung der Grenzflächenenergie.

3.5 Martensitische Umwandlung

1. – Grundlage der Stahlhärtung (Umwandlung von C–haltigen Fe–Legierungen vom kfz ins trz Gitter).
   – Verschleißfestigkeit von Mn–Hartstahl (Die Oberfläche eines metastabilen Fe–Mn–C Mischkristalls wandelt durch eine Reibschubbeanspruchung in die sehr viel härtere martensitische Phase um).
   – Grundlage des Formgedächtniseffektes in speziellen geordneten bzw. teilweise geordneten Legierungen (reversible martensitische Umwandlung).

2. Die notwendigen und hinreichenden Bedingungen für die Kennzeichnung einer martensitischen Umwandlung sind:
   – eine homogene Gitterverformung, die primär durch eine einfache Scherung erzeugt wird;
   – für die Umwandlung ist Diffusion nicht notwendig, d.h. die Reaktion ist zeitunabhängig;
   – der Volumenanteil des Martensits nimmt mit der Unterkühlung unter M_s zu und ist bei $M_f < M_s$ abgeschlossen (s = start, f = finish).
   Konsequenzen der Bestimmung:
   Die homogene Gitterverformung resultiert aus einer koordinierten Atombewegung. Dabei wird ein Gittertyp in einen anderen übergeführt. Makroskopisch ist dies durch die Ausbildung eines Oberflächenreliefs zu beobachten. Bringt man vor der Umwandlung einen Kratzer in die polierte Oberfläche ein, so kann auch noch entschieden werden, ob die homogene Gitterverformung durch eine Volumendilatation oder durch eine Scherung erzeugt ist: bei einer Scherung wird die ursprünglich gerade Linie an der Grenzfläche zum Martensit abgeknickt (siehe Bild A3.8). Da die martensitische Umwandlung diffusionslos verläuft, kann sie erstens auch bei sehr tiefen Temperaturen stattfinden und zweitens verhält sich der Werkstoff thermodynamisch und kinetisch wie ein Einkomponentensystem (keine Änderung der chemischen Zusammensetzung).

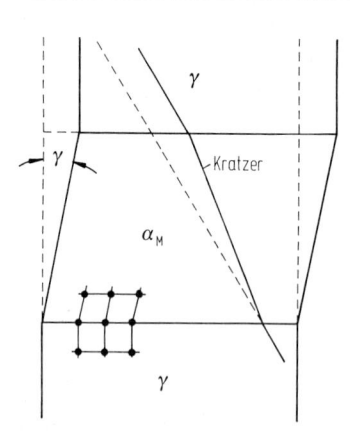

Bild A3.8

3. Bild A3.9 zeigt, wie aus dem γ–Fe der tetragonal verzerrte α'–Martensit entsteht: o $\cong$ Fe–Atom, x $\cong$ mögliche Positionen von C–Atomen.

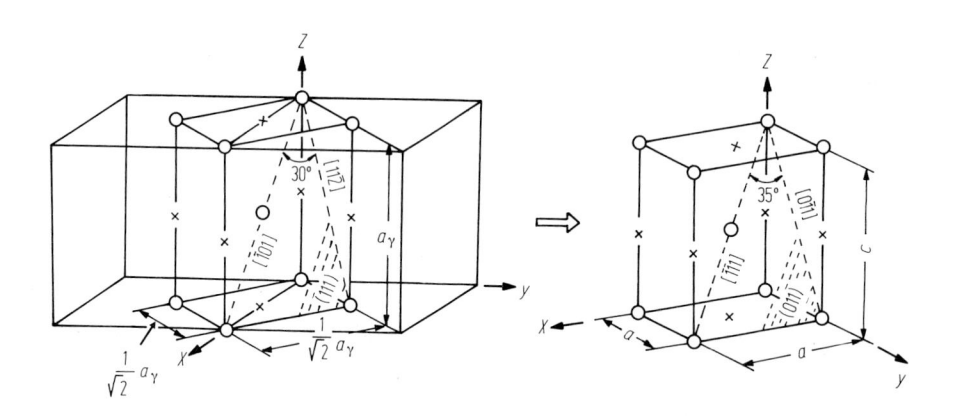

Bild A3.9

4. Im f–T–Diagramm ist die M_S–Temperatur durch die Differenz der freien Energien der beteiligten Phasen α und β bei der Gleichgewichtstemperatur T_0 gegeben. Diese Energiedifferenz ist erforderlich um die Umwandlung überhaupt erst in Gang zu bringen.

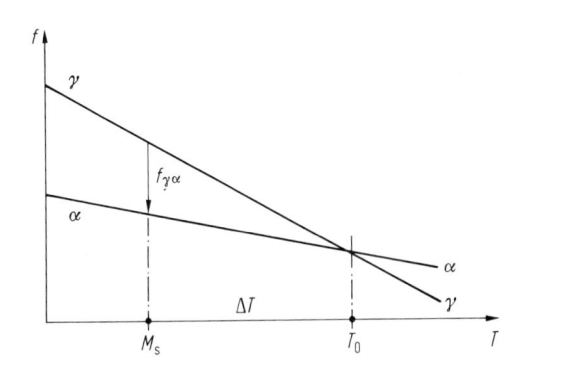

Bild A3.10

5. Da die martensitische Umwandlung unabhängig von der Abkühlungsgeschwindigkeit ist (nicht diffusionsgesteuert), erscheinen die Temperaturen des Beginns (M_s) und des Endes (M_f) der Umwandlung im ZTU–Diagramm als horizontale Linien (Bild A3.11).

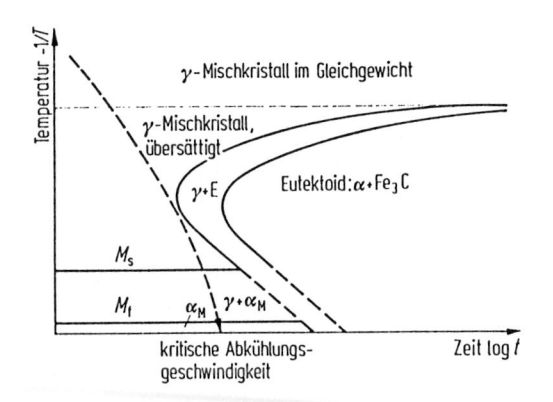

Bild A3.11

6. – äußere Schubspannung,
   – hydrostatischer Druck,
   – Legierungsgehalt,
   – innere Spannungsfelder,
   – Korngröße,
   – Ausscheidungsteilchen einer zweiten Phase.

7. Es muß einen Betrag $\Delta T = T_0 - M_s$ unter die Gleichgewichtstemperatur unterkühlt werden um die Energie, die für die Bildung neuer Grenzflächen sowie für die innere plastische Verformung (Gitterscherung) benötigt wird bereitzustellen.

8. – Die M_s-Temperatur von austenitischen Stählen muß weit unter Raumtemperatur liegen, damit der im Prinzip metastabile Austenit nicht im Gebrauch umwandelt.
   – Die Abkühlung muß schneller als mit der kritischen Abkühlgeschwindigkeit vorgenommen werden, um thermisch aktivierte Reaktionen zu vermeiden (Perlit).

9.

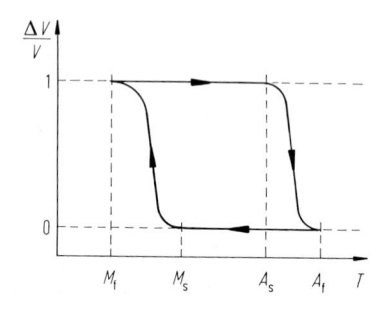

Bild A3.12

M_s = Martensitstart–Temperatur → $V_{Mart.}$ = 0 %
M_f = Martensitend ("finish")–Temperatur → $V_{Mart.}$ = 100 %
A_s = Austenitstart–Temperatur → $V_{Mart.}$ = 100 %
A_f = Austenitend–Temperatur → $V_{Mart.}$ = 0 %

3.6 Wärmebehandlung und Fertigung

		absichtlich	unabsichtlich
1a)	Fertigung	Zwischenglühen beim Kaltwalzen	Wärmeeinflußzone beim Schweißen
b)	Gebrauch	Ausscheidungshärtung von Aluminium–Legierungen	Reiberwärmung von Lageroberflächen

		absichtlich	unabsichtlich
2a)	Fertigung	Weichglühung zur Verringerung der Walzkraft und Wiederherstellung der Verformbarkeit	unerwünschtes Anlassen, was zur Härtung (Sprödigkeit) oder Weichglühen führen kann
b)	Gebrauch	Erhöhung der Streckgrenze für Betriebsbeanspruchung	trockener Lauf von Gleitlagern, dadurch Weichglühen bis Aufschmelzen der Oberfläche

3.
- Herstellung eines Sinterkörpers durch die Reaktion der Oberfläche zu Grenzflächen;
- Warmwalzen oder Zwischenglühen beim Kaltwalzen, wobei dynamische oder normale Rekristallisation auftritt;
- Verbindung von zwei Bauteilen durch Diffusions– oder Reibschweißen;
- Einsatz–, Nitrier–, Borierhärtung von Stahl, zur Erzeugung harter Oberflächenschichten.

4 Mechanische Eigenschaften

4.1 Arten der Beanspruchung

1a) Stahlseil: statische einachsige Zugbeanspruchung und überlagerte kleine Schwingungsamplituden (Zugschwellbelastung).
 b) Rotorblatt: Zentrifugalkräfte beim Rotieren erzeugen Zugbeanspruchung (maximale Zugspannung an der Blatteinspannung) und schwingende Zug–/ Druckbeanspruchung. Im Stand biegen sich die Rotorblätter unter ihrem Eigengewicht durch und erzeugen Biegespannungen (Oberseite Zugspannungen, Unterseite Druckspannungen) und Reibermüdung an Befestigung der Blätter.
 c) Gleitlagerschalen: Druck aus dem Eigengewicht der Welle und Schubspannungen aus Reibungskräften.
 d) Generatorwelle: statische Biegebeanspruchungen und umlaufende Zug–/ Druckbeanspruchungen infolge der Durchbiegung der Welle und Reibung im Lager.
 e) Hüllrohr: statische Zugspannung aus dem Eigengewicht bei erhöhter Temperatur (Kriechbeanspruchung); durch Temperaturzyklen entsteht zusätzlich eine thermische Ermüdungsbeanspruchung. Außerdem sind noch (chemische) Beanspruchungen durch Brennstoff und Umgebung vorhanden.
 f) Gasturbinenschaufel: Der Zugbeanspruchung infolge der Rotation sind Schwingungen (Zug–/Druck–Wechselbeanspruchung) überlagert. Diese Beanspruchungen treten bei sehr hohen Temperaturen auf, so daß noch Kriechen und Heißgaskorrosion hinzukommen.

2a) Werkzeugschneide (Drehmeißel, Fräser): Schubspannungen bei erhöhter Temperatur infolge Reibung.
 b) Walzen beim Kaltwalzen: ein mit zunehmender Verformung verfestigender Werkstoff übt eine Biegespannung auf die Walze aus;
 Walzen beim Warmwalzen: der Werkstoff verhält sich nahezu ideal plastisch (kei-

ne Verfestigung), so daß die mechanische Beanspruchung geringer ist. Der Walzenwerkstoff muß härter sein als der gewalzte Werkstoff.

c) Draht beim Ziehen: der radialen Druckspannung im Werkzeug ist eine Zugspannung beim Austritt überlagert.

d) Tiefziehen: Kombination aus Biegen, einachsigem Recken und zweiachsigem Zug (im Boden). Reibung zwischen Werkzeug und verarbeitetem Werkstoff.
Streckziehen: wie beim Tiefziehen, jedoch sind die Enden des Werkstücks eingespannt, so daß eine weitere Verformung in Dickenrichtung auftritt.

e) Primär auf Verschleiß durch Glasfasern und sekundär durch Zugbeanspruchung des Extrusionswerkzeugs.

4.2 Elastizität

1a) Als Elastizitätsgrenze wird im Spannungs–Dehnungs–Diagramm diejenige Spannung bezeichnet, bei der die erste plastische Verformung auftritt. Sie hängt von der Meßgenauigkeit ab: z. B. $R_{p0,01}$ (0,01% bleibende Dehnung wurde gemessen).

b) Gummielastizität ist eine nichtlineare reversible elastische Verformung in verknäuelten und vernetzten Polymeren oder auch Gußeisen.

c) Viskoelastizität ist eine zeitabhängige reversible Verformung.

d) Lineare Elastizität ist eine reversible Verformung, die nach dem Hook'schen Gesetz linear von der Spannung abhängt ($\sigma = E \cdot \epsilon$).

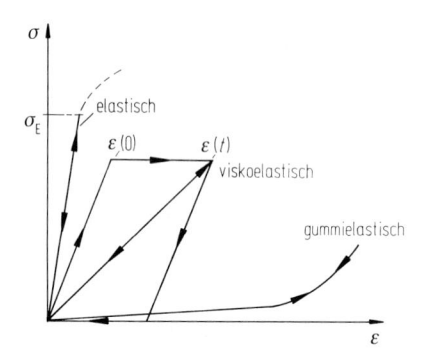

Bild A4.1

4 Mechanische Eigenschaften

2.

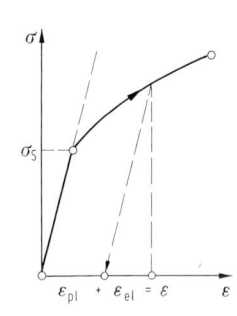

Bild A4.2

a) $\sigma = E \cdot \epsilon$ (1)

$$\epsilon_{xel} = \frac{\sigma}{E} = \frac{300 \text{ MPa}}{72.000 \text{ MPa}} = 0{,}0042$$

für isotrope elastische Dehnung:

$$\epsilon_{zel} = \epsilon_{yel} = -\nu_{el}\epsilon_{xel} \tag{2}$$

$$\underline{\underline{\epsilon_{zel} = \epsilon_{yel} = -0{,}34 \cdot 0{,}0042 = -0{,}0014}}$$

b) $\epsilon_{ges} = \epsilon_{el} + \epsilon_{pl}$ (3)

$$\epsilon_{zges} = \epsilon_{yges} = -\nu_{ges}\epsilon_{xges} \tag{4}$$

$$\epsilon_{yges} = \epsilon_{yel} + \epsilon_{ypl} \tag{4.1}$$

ϵ_{yel} (siehe Gl. 2)

Für plastische Verformung gilt $\nu_{pl} = 0{,}5$, da $\Delta V/V = 0$,:

$$\epsilon_{ypl} = -0{,}5\,\epsilon_{xpl} \tag{5}$$

$$\epsilon_{xpl} = \epsilon_{xges} - \epsilon_{xel} = \epsilon_{xges} - \frac{\sigma}{E} \tag{6}$$

Aus (Gl. 6) folgt:

$$\nu_{ges} = 0{,}5 - (0{,}5 - \nu_{el})\frac{\sigma}{E \cdot \epsilon_{xges}} \tag{7}$$

$$\epsilon_{xges} = \epsilon_{xel} + \epsilon_{xpl} = 0{,}0042 + 0{,}002 = 0{,}0062$$

$$\nu_{ges} = 0{,}5 - (0{,}5 - 0{,}34)\, \frac{300}{72.000 \cdot 0{,}0062} = 0{,}39$$

$$\underline{\underline{\epsilon_{yges}}} = -\nu_{ges}\, \epsilon_{xges} = -0{,}39 \cdot 0{,}0062 \underline{\underline{= -0{,}0024}}$$

3. In der Technik werden vier Konstanten benutzt, die nicht unabhängig voneinander sind:

    E–Modul (Elastizitätsmodul): $\quad E = \frac{\sigma}{\epsilon}$ [MPa]

    G–Modul (Schubmodul): $\quad G = \frac{\tau}{\gamma}$ [MPa]

    K–Modul (Kompressionsmodul): $\quad K = -\frac{p}{\Delta V/V}$ [MPa]

    ν (Querkontraktionszahl, Poissonsche Zahl): $\quad \nu = \frac{\epsilon_{quer}}{\epsilon_{längs}}$ [1]

    Abhängigkeit der Konstanten untereinander:

    $$K = \frac{E}{3(1-2\nu)}, \quad G = \frac{E}{2(1+\nu)}, \quad \frac{E}{G} = \frac{9}{3+(G/K)}$$

    Für die Beschreibung eines isotropen Werkstoffes sind nur zwei dieser Konstanten notwendig.

4.

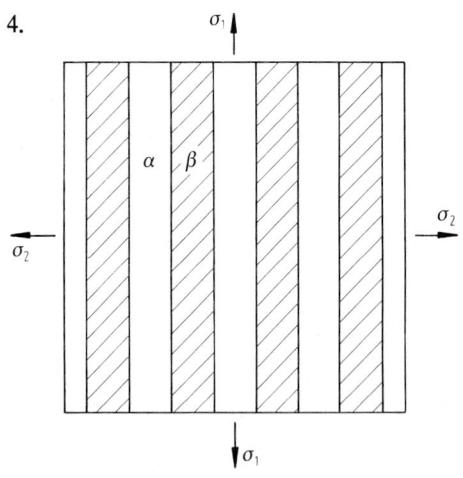

Bild A4.3

a) parallel:

   $\sigma_1 > 0, \quad \sigma_2 = 0$

$$\epsilon_\alpha = \epsilon_\beta \; , \; \sigma_\alpha \neq \sigma_\beta \; \text{(bei guter Haftung)}$$

$$E_{||} = \frac{\sigma_\alpha}{\epsilon_\alpha} f_\alpha + \frac{\sigma_\beta}{\epsilon_\beta} f_\beta$$

$$E_{||} = E_\alpha f_\alpha + E_\beta f_\beta = 50 \cdot 10^4 \cdot 0{,}2 + 50 \cdot 10^2 (1-0{,}2) = 10{,}4 \cdot 10^4 \; \text{MPa}$$

b) quer:

$$\sigma_1 = 0 \; , \; \sigma_2 > 0$$

$$\epsilon_\alpha \neq \epsilon_\beta \; , \; \sigma_\alpha = \sigma_\beta$$

$$\frac{1}{E_\perp} = \frac{\epsilon_\alpha}{\sigma_\alpha} f_\alpha + \frac{\epsilon_\beta}{\sigma_\beta} f_\beta$$

$$E_\perp = \frac{E_\alpha + E_\beta}{E_\alpha f_\alpha + E_\beta f_\beta}$$

$$E_\perp = \frac{50 \cdot 10^4 \cdot 50 \cdot 10^2}{50 \cdot 10^4 \cdot 0{,}8 + 50 \cdot 10^2 \cdot 0{,}2} = 6{,}2 \cdot 10^3 \; \text{MPa}$$

5. Bedingt durch den weichen lamellenförmigen Graphit, der wie kleine Risse wirkt, zeigt das graue Gußeisen kein linearelastisches Verhalten. Der E–Modul nimmt mit zunehmender Spannung ab (Bild A4.4) und wird auch so tabelliert.

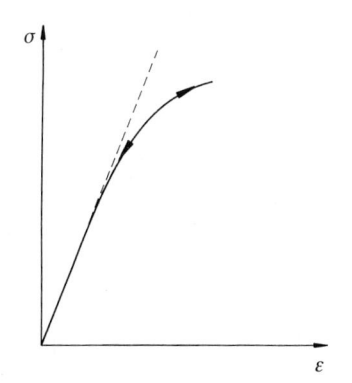

Bild A4.4

4.3 Formänderung

1. Verformung geschieht durch Abgleiten der dichtest gepackten Ebenen. Dementsprechend sind die dichtest gepackten Richtungen auch die Kristallrichtungen, in denen das Abgleiten geschieht. Die plastische Verformung findet in der Regel nicht durch das Verschieben ganzer Ebenen aufeinander statt. Vielmehr wird die Abgleitung hier durch die Bewegung von Versetzungen realisiert. Die Atome der gesamten Ebene brauchen sich dabei nicht gleichzeitig zu bewegen, sondern können dies nacheinander (jeweils um den Betrag des Burgersvektors b) tun.

2. Bis zur Gleichmaßdehnung läßt sich die wahre Verformung φ aus der nominellen ϵ berechnen:

$$\varphi = \ln(1 + \epsilon) \tag{1}$$

Tabelle: Abweichung:

$\epsilon\,[\%]$	$\varphi\,[\%]$	$1 - \varphi/\epsilon \cdot 100\,[\%]$
5,0	4,879	2,42
4,0	3,922	1,92
3,0	2,956	1,47
2,5	2,469	1,23
2,4	2,372	1,18
2,3	2,274	1,13
2,2	2,176	1,08
2,1	2,078	1,04
2,0	1,980	0,99
1,0	0,995	0,50

Für $\epsilon \leq 2\,\%$ ist der Fehler $< 1\,\%$.

3. Für den einachsigen Spannungszustand ($\sigma_Z \neq 0$) und Isotropie gilt:

$$\epsilon_{vol} = \epsilon_x + \epsilon_y + \epsilon_z \tag{1}$$

$$\epsilon_x = \epsilon_y = -\nu\epsilon_z \tag{2}$$

aus (1) und (2):

$$\epsilon_{vol} = \epsilon_z - \nu\epsilon_z - \nu\epsilon_z = (1-2\nu)\epsilon_z$$

$$\epsilon_z = \frac{\sigma_z}{E}$$

$$\underline{\underline{\epsilon_{vol}}} = (1-2\nu)\frac{\sigma_z}{E} = (1-2\cdot 0{,}33)\frac{0{,}8\cdot 300}{215\cdot 10^3} = \underline{\underline{3{,}8\cdot 10^{-4} \cong 0{,}038\ \%}}$$

4. Die Volumenänderung bei plastischer Verformung ist nahezu gleich Null, so daß $\nu = 0{,}5$ wird.

$$\epsilon_{vol} = 0 = \varphi_x + \varphi_y + \varphi_z$$

$$\Rightarrow \varphi_z - 0{,}5\ \varphi_z - 0{,}5\ \varphi_z = 0.$$

5a) Eine <u>elastische Verformung</u> ist eine reversible Verformung, d. h. daß sich nach der Entlastung die Ausgangslänge (Volumen) wieder einstellt.

b) Eine <u>plastische Verformung</u> ist eine bleibende Verformung:

$$\epsilon_{ges}(\sigma > 0) = \epsilon_{el} + \epsilon_{pl}$$

$$\epsilon_{ges}(\sigma = 0) = \epsilon_{pl}$$

c) <u>Gleichmaßdehnung</u> liegt vor, wenn die plastische Verformung gleichmäßig über die Probenlänge verteilt ist (keine Einschnürung).

d) Die Bruchdehnung A ist die Gesamtdehnung (Gleichmaß– + Einschnürdehnung) bis zum Bruch.

e) Die Brucheinschnürung Z berechnet sich aus der Differenz der Querschnittsflächen vor (S_0) und nach dem Bruch (S_B):

$$Z = \frac{S_0 - S_B}{S_0} = \frac{\Delta S_B}{S_0}$$

6. Der ebene Dehnungszustand ist dadurch definiert, daß in eine Richtung keine Verformung auftritt. Entsprechendes gilt für den ebenen Spannungszustand; hier ist in einer Richtung die Belastung gleich null.

7. – Isotrop: nur Volumenänderung.
   – Anisotrop: Volumen- und Formänderung.

8. <u>Kriechen:</u> Das Kriechen ist ein thermisch aktivierter Prozeß, bei dem sich ein Werkstoff bei höheren Temperaturen plastisch verformt. Dieser Vorgang ist nicht nur von der äußeren Spannung und der Temperatur, sondern auch von der Zeit abhängig. Die Grundvorgänge sind das Klettern von Versetzungen und das Abgleiten von Korngrenzen. Ohne thermische Aktivierung können sich die Versetzungen nur in Richtung ihres Burgersvektors bewegen, beim Kriechen jedoch auch senkrecht dazu.
   <u>Superplastizität:</u> Beim superplastischen Umformen wird eine zeitabhängige Warmverformung absichtlich herbeigeführt. Man strebt dabei ein mechanisches Verhalten ähnlich den viskos fließenden Flüssigkeiten an. Der Werkstoff soll ohne einzuschnüren sehr hohe Verformungsgrade erlauben. Mikrostrukturelle Bedingungen für ein superplastisches Verhalten sind eine kleine Korngröße sowie eine möglichst globulare Kornform. Darüber hinaus darf das Gefüge keine Dispersion von Teilchen enthalten, die die Versetzungsbewegung behindern könnten.

9. – Stoffe mit hoher Schmelztemperatur verwenden.
   – Durch Legieren den Diffusionskoeffizienten erniedrigen.
   – Grobes Korn (d.h. wenig Korngrenzen), möglichst Einkristall, eventuell ausgerichtete Korngrenzen.
   – Behinderung der Versetzungsbewegung, insbesondere des Quergleitens, durch Einbringen einer zweiten Phase (Ausscheidungshärtung), die sich bei Betriebstemperatur jedoch nicht auflösen sollte.

4 Mechanische Eigenschaften

4.4 Zugversuch

1.

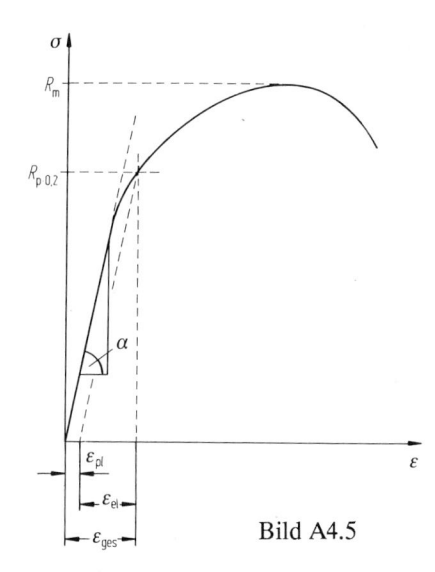

Bild A4.5

a) $E = \dfrac{\sigma}{\epsilon_{el}} = \tan \alpha$ \hfill (1)

b) $\nu = \dfrac{\epsilon_{quer}}{\epsilon_{längs}}$ \hfill (2)

c) Die Streckgrenze ist diejenige Spannung, bei der die erste plastische Verformung auftritt. In der Praxis wird eine meßbare plastische Verformung, z. B. 0,2 % zur Spannungsmessung, festgelegt: $R_{p0,2}$ – Grenze.

d) Die Zugfestigkeit R_m ist im Kraft–Verlängerungs–Diagramm die maximale Kraft, die eine Probe erträgt.

2. Für einen verfestigenden Werkstoff nimmt ab der Streckgrenze die notwendige Kraft zur weiteren Verformung zu. Demgegenüber steht eine Querschnittsabnahme, die die aufzubringende Kraft verringert. Die maximale Kraft F_{max} tritt bei der Gleichmaßdehnung A_g auf, wo die Änderung der Zugkraft durch Verfestigung durch diejenige der Querschnittsabnahme kompensiert wird: $dF = 0$

$$F = \sigma \cdot S \; [N] \tag{3}$$

$$dF = \sigma dS + Sd\sigma = 0 \tag{4}$$

$$\frac{d\sigma}{\sigma} = -\frac{dS}{S} \tag{5}$$

Für plastische Formänderungen von inkompressiblen Stoffen gilt $\Delta V/V = 0$, so daß

$$V = S \cdot l \tag{6}$$

$$dV = Sdl + ldS = 0 \tag{7}$$

$$-\frac{dS}{S} = \frac{dl}{l} \tag{8}$$

und aus (5) und (8) folgt

$$\frac{d\sigma}{\sigma} = \frac{dl}{l} = d\varphi \tag{9}$$

$$\frac{d\sigma}{d\varphi} = \sigma \tag{10}$$

$d\sigma/d\varphi$ wird als <u>Verfestigungskoeffizient</u> bezeichnet, der bei F_{max} gleich der wahren Spannung σ_w ist und den Einschnürbeginn kennzeichnet.

3a) siehe Aufgabe 2

Da für die Nenndehnung ϵ und der wahren Verformung φ der Zusammenhang (bis zur Einschnürung)

$$\varphi = \ln(1 + \epsilon) \tag{11}$$

$$d\varphi = \frac{d\epsilon}{1+\epsilon} \tag{12}$$

gilt, kann der Verfestigungskoeffizient auch aus einem Spannungs–Dehnungs–Diagramm bestimmt werden: (10) und (12):

$$\frac{d\sigma}{d\epsilon} = \frac{\sigma}{1+\epsilon} \tag{13}$$

b) Die wahre Spannungs–Dehnungs–Kurve kann nach einem empirischen Ansatz, wie folgt, beschrieben werden:

$$\sigma = K\varphi^n \tag{14}$$

wobei n der <u>Verfestigungsexponent</u> ist.
Gleichung (14), nach der Verformung differenziert, liefert

$$\frac{d\sigma}{d\varphi} = nK\varphi^{n-1}, \tag{15}$$

so daß für die Höchstkraftbedingung (dF = 0) aus (10) und (15) folgt:

$$nK\varphi^{n-1} = K\varphi^n \tag{16}$$

$$n = \varphi. \tag{17}$$

D. h., daß die wahre Verformung φ (dF = 0) beim Einschnürbeginn gleich dem Verfestigungsexponenten wird.

4.

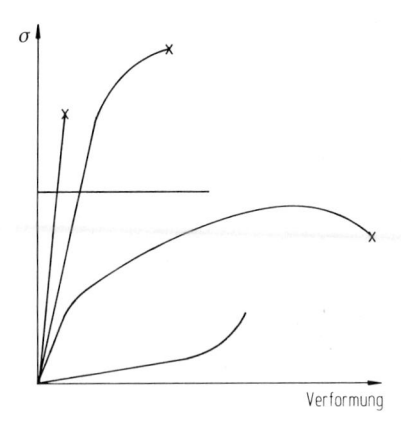

Bild A4.6

a) ideal spröde + linear elastisch, z. B. Glas
b) spröde + nicht linear elastisch, z. B. Gummi
c) niedrige Streckgrenze + starke Verfestigung, z. B. Tiefziehwerkstoffe
d) hohe Streckgrenze + wenig Verfestigung, z. B. ausgehärtete Al–Legierung
e) ideal plastisch, z. B. Werkstoffe beim Warmwalzen.

4.5 Härtungsmechanismen

1.

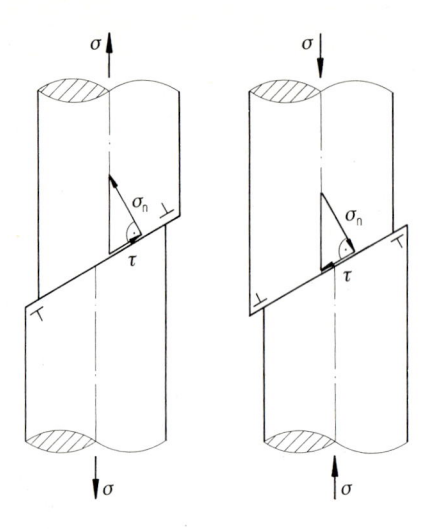

Bild A4.7

2. Die diskontinuierliche Streckgrenze von kohlenstoffarmen Stählen ist auf eine Blockierung der Versetzungen durch C– und N–Atome zurückzuführen. Unter Spannung wandern sie in das Zugspannungsfeld der Versetzung (Cottrell–Wolken), so daß eine erhöhte Spannung zum Losreißen von diesen Fremdatom–Wolken notwendig ist (Bild A4.8):

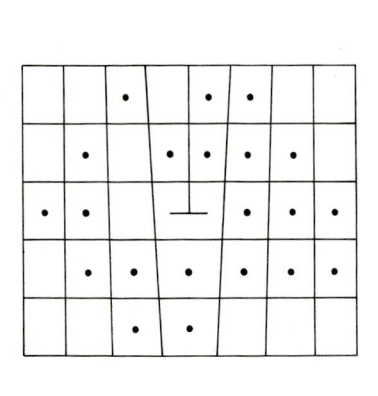

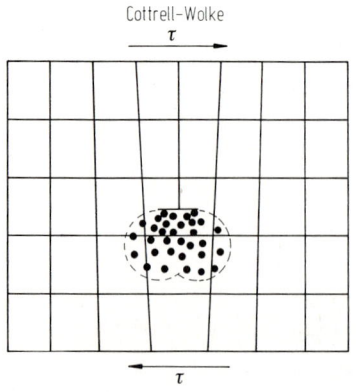

Bild A4.8

3.

Dimension	Hindernis	Mechanismus	
0	gelöste Atome	$\Delta\sigma_M$:	Mischkristallhärtung
1	Versetzungen	$\Delta\sigma_\perp$:	Kaltverfestigung
2	Korngrenzen	$\Delta\sigma_{KG}$:	Feinkornhärtung
3	Ausscheidungen	$\Delta\sigma_T$:	Ausscheidungshärtung, Dispersionshärtung
–	Kristallanisotropie		Texturhärtung
–	Gefügeanisotropie		Faserverstärkung

4. Nach Orowan:

$\Delta\sigma \approx 3\Delta\tau$ Erhöhung der Streckgrenze

$\Delta\tau \leq \dfrac{G \cdot b}{D_T}$ Erhöhung der Schubspannung

b = Burgersvektor
D_T = Teilchenabstand

$$\Delta\tau_T \leq \frac{28 \cdot 10^3 \cdot 0{,}4 \cdot 10^{-9}}{0{,}2 \cdot 10^{-6}} = \underline{\underline{56\ \text{MPa}}}$$

5. – τ_{th} ist die Spannung, die die Verschiebung der Atome im perfekten Kristall bewirkt.

$$\tau_{th} \approx \frac{G}{30} \approx \frac{G \cdot b}{2\pi \cdot a}$$

mit
$G \cong$ Schubmodul
$b \cong$ Burgersvektor
$a \cong$ Gitterkonstante.

– σ_{th} ist die Spannung, die zum Trennen zweier Ebenen des perfekten Gitters notwendig ist.

$$\sigma_{th} \approx 3 \cdot \tau_{th} \quad \text{oder} \quad \sigma_{th} \approx \frac{E}{10}$$

mit
$E \cong$ Elastizitätsmodul.

6. Perfektes Kristallgitter ohne Gitterbaufehler (Beispiel: perfekter Einkristall oder Fadeneinkristalle (Whisker)).

7. — Zahl der Gleitsysteme,
   — Art und Richtung der wirkenden Spannung,
   — Anzahl der Hindernisse für die Bewegung von Versetzungen

4.6 Kerbschlagarbeit, Bruchzähigkeit

1a) $A = m \cdot g (H - h) \; [J]$ (1)
   m = Masse des Hammers
   g = Erdbeschleunigung
   H = Höhe des Hammers vor dem Versuch
   h = Höhe des Hammers nach dem Versuch

b) Je größer die plastische Verformung beim Durchschlagen der Kerbschlagbiegeprobe ist, desto größer ist die verbrauchte Kerbschlagarbeit. Eine niedrige Kerbschlagarbeit ist daher Indiz für einen makroskopisch verformungslosen Bruch, d. h. sprödes Bruchverhalten, während eine hohe verbrauchte Schlagarbeit ein duktiles Bruchverhalten anzeigt.

2. Zur
   — Feststellung, ob Werkstoffe einen Steilabfall der Kerbschlagarbeit mit der Temperatur zeigen, wie z. B. krz–Stähle und Kunststoffe (Tieftemperaturversprödung);
   — Prüfung der Anlaßversprödung von Stählen,
   — Festlegung der unteren Verwendungstemperatur eines Werkstoffs.

3a) Die Bruchzähigkeit ist der Widerstand eines Werkstoffs gegen Rißausbreitung. Quantitativ bestimmt ist sie durch den kritischen Spannungsintensitätsfaktor K_c.

b) $K = \sigma \sqrt{\pi a}\ Y(\frac{a}{b})$ (2)

σ = äußere Belastung (Normalspannung)
a = Rißlänge (Fehlergröße)
Y = Geometriefunktion, abhängig von der Probenform.

Die Spannungsintensität K ist ein Maß für den Anstieg der Spannungsüberhöhung, infolge eines Risses der Länge a.
(Bild A4.9) zeigt eine unendlich ausgedehnte Scheibe mit äußerer Spannung σ_a und den schematischen Verlauf des Spannungsanstieges gegen die Rißspitze.

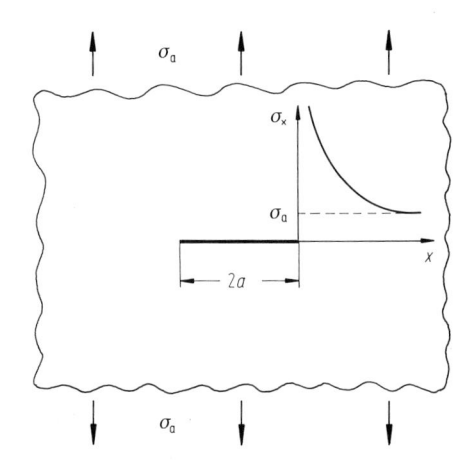

Bild A4.9

c) K_{Ic}–Versuche werden mit servohydraulischen Prüfmaschinen durchgeführt. Gesteuert wird die Belastungsgeschwindigkeit und aufgezeichnet wird die Kraft F über der Rißaufweitung v.
Als Probenform standardisiert sind die Kompaktprobe (CT = "compact tension"), die Dreipunktbiegeprobe und die C–Probe.
<u>Versuchsdurchführung:</u> In die Proben wird zunächst durch schwingende Beanspruchung ein scharfer Ermüdungsriß eingebracht und dann mit konstanter Kraftanstiegsgeschwindigkeit zu Bruch gefahren.

d) Das Diagramm (s. Aufgabenstellung) zeigt, daß die Probe ohne merkliche plastische Verformung bricht. Die kritische Kraft F_c ist daher unmittelbar identisch mit der Maximalkraft F_{max} = 17,2 N. Damit sind alle erforderlichen Werte bekannt und die Spannungsintensität berechnet sich mit der angegebenen Formel zu:

$\underline{\underline{K\ =\ 1822\,\text{Nmm}^{-3/2} \cong 57{,}63\ \text{MPa}\sqrt{m}}}$

e)

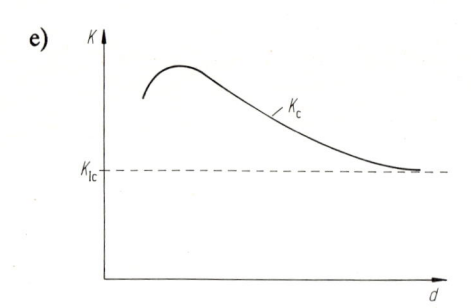

Bild A4.10

f) Bezüglich der Dicke d der Probe ist $K_I = K_{Ic}$, wenn gilt:

$$d \geq 2{,}5 \left(\frac{K_I}{R_{p0{,}2}}\right)^2 \qquad (3)$$

$$d \geq 2{,}5 \left(\frac{1822}{1460}\right)^2 = 3{,}89 \text{ mm}$$

$\underline{\underline{d = 12{,}57 \text{ mm}}} \Rightarrow K = K_{Ic} \Rightarrow$ Werkstoffkennwert

4. Ausgangspunkt ist eine unendlich ausgedehnte Scheibe (Bild A4.11) mit der Einheitsdicke $t = 1[m]$, die in der y–Richtung mit einer äußeren Spannung σ belastet wird.

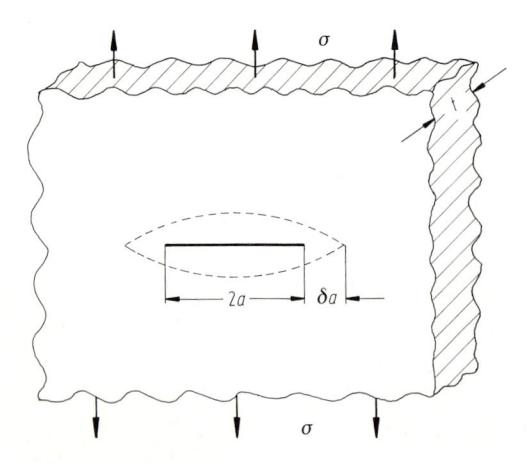

Bild A4.11

Wird in diese Scheibe ein Riß der Länge 2a eingebracht, so ändert sich die potentielle Energie der Scheibe:

$$U = U_{el0} - U_{el} + U_{\gamma} \tag{4}$$

wobei $+U_{\gamma}$ die aufzubringende Oberflächenenergie für die zwei Rißflächen ist und $-U_{el}$ die freiwerdende Verzerrungs- oder Verformungsenergie darstellt. U_{el0} ist die potentielle Energie der Scheibe vor dem Anriß. Die Oberflächenenergie berechnet sich aus der Fläche der beiden Rißufer ($A = 2 \cdot 2a \cdot t$) und der spezifischen Oberflächenenergie γ_0:

$$U_{\gamma} = 2 \cdot 2a \cdot t \cdot \gamma_0 = 4a\gamma_0 \cdot t \ [J/m^2] \tag{5}$$

Die freiwerdende Verzerrungsenergie läßt sich experimentell bestimmen und wurde von Griffith für den Fall eines ebenen Spannungszustandes in der Scheibe berechnet.

$$U_{el} = -\frac{\sigma^2 \pi a^2 \cdot t}{E} \ [Jm^2] \tag{6}$$

(ebener Dehnungszustand: $U_{el} = -\frac{\sigma^2 \pi a^2 t (1-\gamma)}{E}$)

Die potentielle Energie der Scheibe ist daher

$$U_{el0} = E_{el0} - \frac{\pi a^2 t \sigma^2}{E} + 4at\gamma_0 \tag{7}$$

(da U_{el0} die potentielle Energie der Scheibe ohne Riß ist, hängt sie auch nicht von der Rißlänge ab)
und für $dU/da = 0$ wird ein Maximum durchlaufen (siehe Bild A4.12), da die 2. Ableitung

$$\frac{d^2 U}{da^2} = -\frac{2\pi t \sigma^2}{E} \tag{8}$$

stets kleiner Null ist.

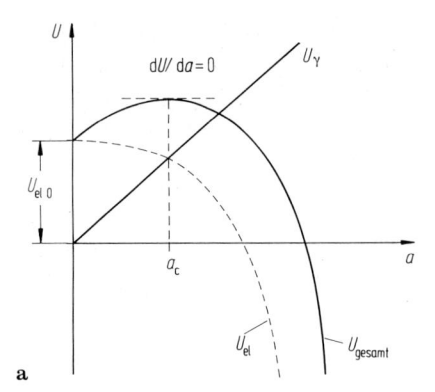

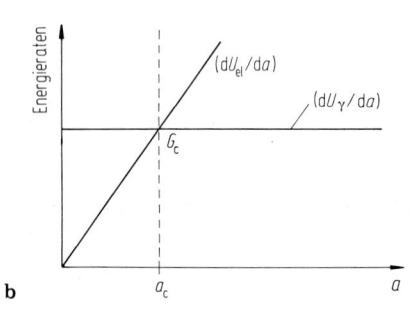

Bild A4.12

Da für dU/da = 0 gilt:

$$\frac{\pi a \sigma^2}{E} = 2\gamma_0 \qquad (9)$$

tritt instabiles Rißwachstum ein, wenn

$$\frac{\pi \cdot a \cdot \sigma^2}{E} \geq \gamma_0$$

ist, oder umgeschrieben:

$$\sigma \geq \sqrt{\frac{2E\gamma_0}{\pi a}} \qquad (10)$$

Dies ist eine der wichtigsten Gleichungen der Bruchforschung, denn sie stellt einen Zusammenhang zwischen einer äußeren Belastung und einer Rißgröße über Werkstoffkennwerte (E–Modul, γ_o) her. Für eine gegebene Rißlänge a läßt sich mit Gl. (10) eine kritische Spannung σ_c berechnen, so daß für $\sigma \geq \sigma_c$ instabile Rißausbreitung auftritt.

Anmerkung: Für praktische Berechnungen muß die Gl. (10) durch Geometriefunktionen noch modifiziert werden, die die endlichen Abmessungen von Proben berücksichtigen, sowie durch einen zusätzlichen Energieterm für die an der Rißspitze immer auftretende plastische Verformung γ_{pl}.

Als Energiefreisetzungsrate oder Rißausbreitungskraft G (engl.: "elastic energy release rate" oder "crack driving force") wird die durch eine infinitesimale Rißverlängerung dort freiwerdende elastische Verformungsenergie definiert:

$$-\left(\frac{dU_{el}}{da}\right) = \frac{2\pi\sigma^2 a}{E} = G \left[\frac{MN}{m}\right] \tag{11}$$

Von besonderem Interesse ist die kritische Energiefreisetzungsrate G_c, da für $G \geq G_c$ instabiles Rißwachstum einsetzt. $G = G_c$, wenn

$$dU_{el}/da = dU_\gamma/da$$

ist und dies ist nach Gleichung (9) für dU/da = 0 der Fall (Bild A4.12b)

Anmerkung: In der Literatur findet man auch $G_c = 2(\gamma_o + \gamma_{pl})$. Dies ist eine Erweiterung des Griffith–Bruchkriteriums, die auf Irwin und Orowan zurückgeht und die immer auftretende plastische Verformung an der Rißspitze mit berücksichtigt.

4.7 Schwingfestigkeit, Ermüdung

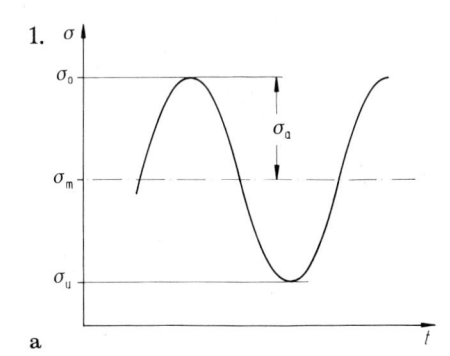

1.

σ_o = Oberspannung
σ_u = Unterspannung
σ_m = Mittelspannung
R = σ_u/σ_o (Spannungsverhältnis)

Bild A4.13a

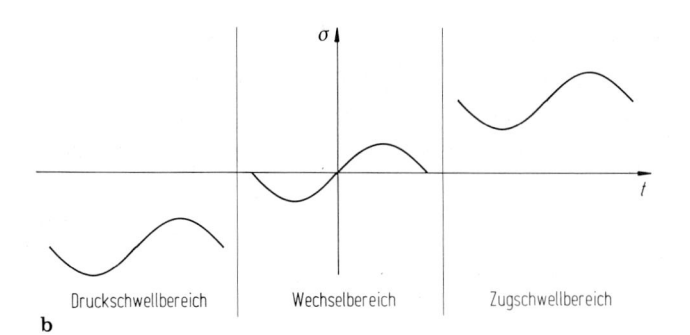

Bild A4.13b

Druckschwellbereich | Wechselbereich | Zugschwellbereich

2.

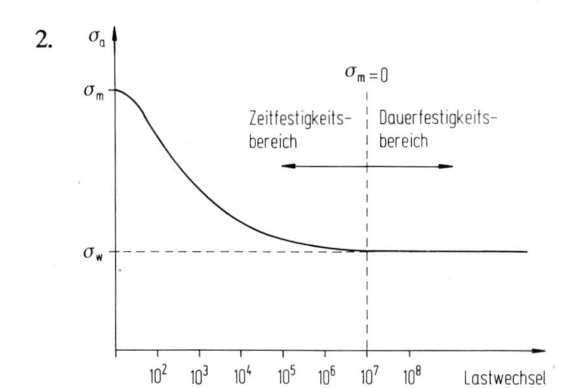

Zeitfestigkeitsbereich | Dauerfestigkeitsbereich

$\sigma_m = 0$

σ_a, σ_m, σ_w

10^2 10^3 10^4 10^5 10^6 10^7 10^8 Lastwechsel

Bild A4.14

3a) Als spannungskontrolliert bezeichnet man einen Ermüdungsversuch, wenn die Spannung konstant gehalten wird und die bei einem entfestigenden Werkstoff zunehmende oder bei einem verfestigenden Werkstoff abnehmende Dehnung gemessen wird. In der praktischen Versuchsdurchführung wird immer die Kraft geregelt, so daß genaugenommen die Spannung nicht konstant ist, da durch plastische Verformung und Rißbildung die Querschnittsfläche nicht konstant bleibt.

b) Bei dehnungskontrollierten Versuchen unterscheidet man zwischen gesamtdehnungsgesteuerten Versuchen und den plastisch–dehnungsgesteuerten Versuchen. Die Proben werden mit einer zyklischen Dehnungsamplitude beaufschlagt und je nach Ver– oder Entfestigung des Werkstoffs eine zu– oder abnehmende Spannung gemessen.

4 Mechanische Eigenschaften

4a) σ_a = const., ϵ_{pl} = 0

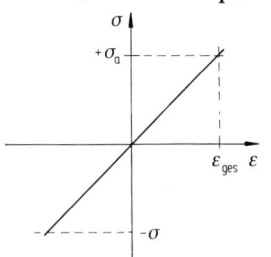

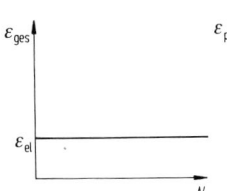

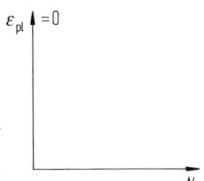

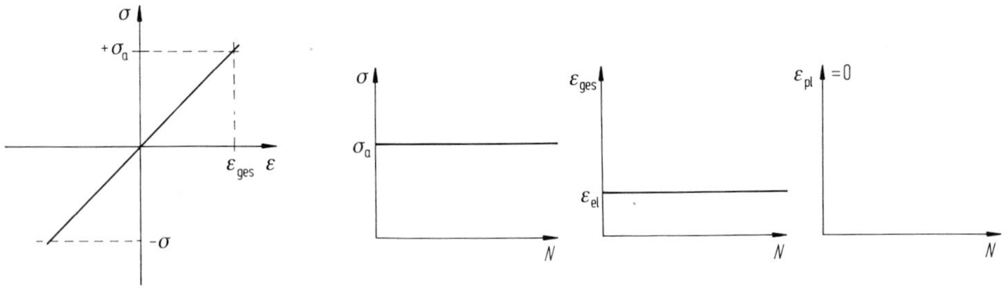

a

b) σ_a = const., Werkstoff entfestigt

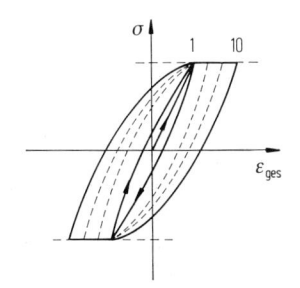

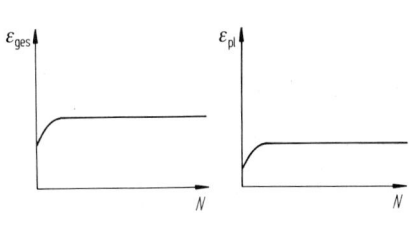

b

c) ϵ_{pl} = const., Werkstoff verfestigt

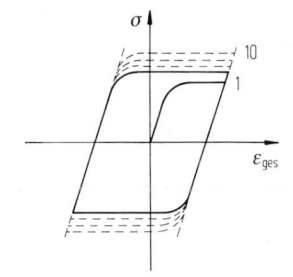

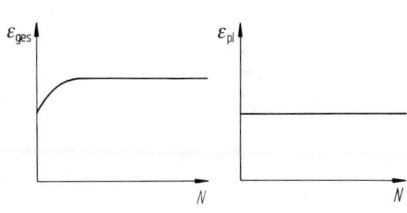

d) ϵ_{ges} = const., Werkstoff verfestigt

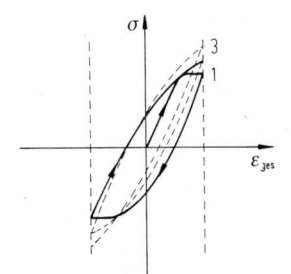

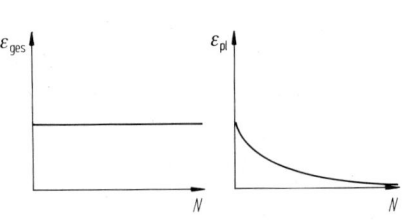

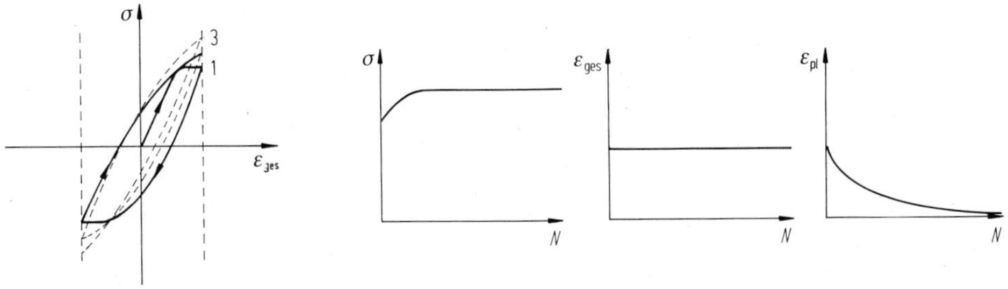

d

Bild A4.15

5. $\sum\limits_{i} \dfrac{n_i}{N_i} = 1$ (1)

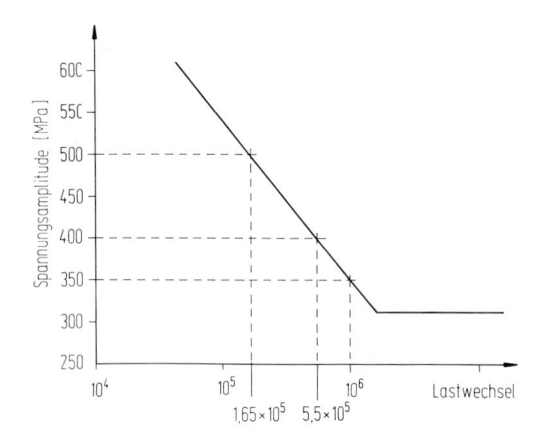

Bild A4.16

$$\dfrac{n_1}{N_1} + \dfrac{n_2}{N_2} + \ldots + \dfrac{n_n}{N_n} = 1$$

Beispiel: σ_{a1} = 500 MPa (aus Wöhlerdiagramm) N_1 = 165.000 LW

σ_{a2} = 350 MPa (aus Wöhlerdiagramm) $N_2 = 10^6$ LW

σ_{a3} = 400 MPa (aus Wöhlerdiagramm) $N_3 = 5{,}5 \cdot 10^5$ LW

$$\dfrac{n_1}{N_1} + \dfrac{n_2}{N_2} + \dfrac{n_3}{N_3} = 1$$

$$\dfrac{n_3}{N_3} = 1 - \dfrac{n_1}{N_1} - \dfrac{n_2}{N_2} = 1 - \dfrac{10^4}{16{,}5 \cdot 10^4} - \dfrac{4{,}9 \cdot 10^5}{10^6} = 0{,}45$$

$$\underline{\underline{n_3 = 0{,}45 \cdot N_3 = 2{,}25 \cdot 10^5 \text{ LW}}}$$

Die Restlebensdauer ist 225.000 LW bei einer Spannungsamplitude σ_a = 400 MPa.
Anmerkung: Die lineare Schadensakkumulationshypothese (Palmgren–Miner–Regel) ist für die praktische Auslegung von Bauteilen oft nicht zu gebrauchen, da die

Schadensakkumulation von der Reihenfolge der Lastkollektive abhängt und dieser Reihenfolgeneinfluß immer nichtlinear mit n_i variiert.

4.8 Bruchmechanismen

1. — zyklische Ver– oder Entfestigung
   — Rißbildung
   — stabiles (unterkritisches) Rißwachstum bis zur kritischen Anrißlänge
   — instabiles, kritisches, schnelles Rißwachstum

2. — Spannungen an der Oberfläche am größten (überlagerte Biegespannungen, Kerben, Riefen, Gleitstufen, Einschlüsse)
   — Festigkeit von Oberflächenkörnern geringer (Randentkohlungszone)
   — viele Beanspruchungen werden über die Oberfläche eingeleitet und erzeugen eine Schädigung: z. B. Verschleiß, Korrosion, Erosion, Kavitation.

3. Schwingstreifen entstehen beim Rißwachstum durch das Öffnen und Schließen der Rißspitze. Da ein Schwingstreifen durch jeweils einen Lastwechsel erzeugt wird, kann nach dem Bruch der Probe aus den Schwingstreifenabständen auf die Rißgeschwindigkeit geschlossen werden (Bild A4.17).

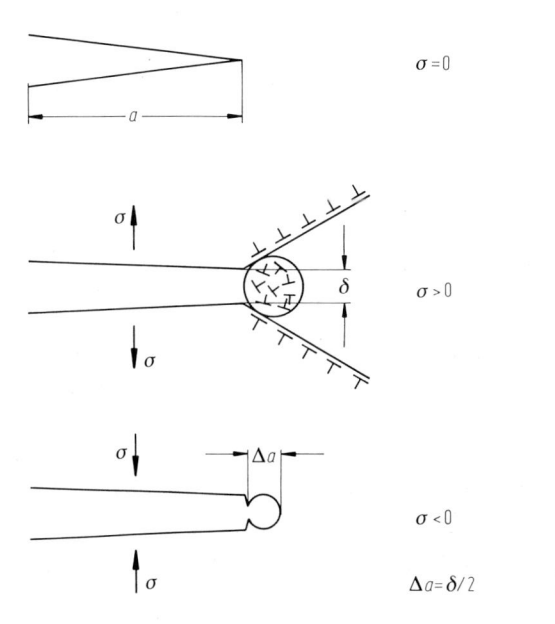

Bild A4.17

4a) In bruchmechanischen Proben (Kompaktprobe oder mittig angerissene Zugprobe) wird ein Schwingungsanriß eingebracht. Falls die dafür notwendige Anschwinglast höher als die für den Versuch zu verwendende ist, muß die Maximalkraft schrittweise so reduziert werden, daß nach dem Ende des Anschwingvorganges die gewünschte Schwingbreite der Spannungsintensität ΔK erreicht ist.

Gemessen wird die Rißgeschwindigkeit, indem man z.B. mit dem Lichtmikroskop die Rißlänge a_i in Abhängigkeit von der Lastwechselzahl N_i beobachtet:

— Sekantenmethode: Aus jeweils zwei aufeinanderfolgenden Meßpunkten wird der Differenzenquotient gebildet.

$$\frac{a_{i+1} - a_i}{N_{i+1} - n_i} = \frac{\Delta_a}{\Delta N} \rightarrow \frac{da}{dN}$$

— Polynommethode: Gesucht wird ein Polynom zweiter Ordnung, das $2n + 1$ (mit $n = 1, 2, 3$ oder 4) aufeinanderfolgende Versuchspunkte annähert. Ein dafür geeignetes Fortran–Programm ist in der Fachliteratur zu finden (Annual Book of ASTM Standards, Part 10 (1978)).

b) $\Delta K \sim f(\Delta \sigma, a)$

Da ΔK eine Funktion der Rißlänge a ist, nimmt ΔK in der Regel mit wachsender Rißlänge zu.

c) $\frac{da}{dN} = A \Delta K^m$ (Paris–Gleichung)

Die Konstanten A und m sind werkstoffabhängig, wobei der Exponent m meist Werte zwischen 2 und 4 annimmt.

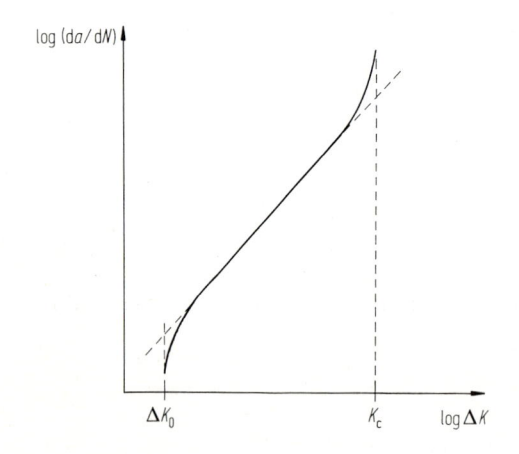

Bild A4.18

d) Für abnehmende ΔK–Werte sinkt die Rißausbreitungsgeschwindigkeit, bis bei ΔK_o keine stabile Rißausbreitung mehr erfolgt. Mit steigender Rißlänge nimmt ΔK zu, bis K_{max} (obere Grenze von ΔK, $\Delta K = K_{max} - K_{min}$) die kritische Bruchzähigkeit K_c erreicht und die Probe durch instabiles Rißwachstum versagt. (Dieser kritische K–Wert liegt für viele Werkstoffe etwas höher als derjenige, der nach Anschwingen des Anrisses bei sehr kleinen ΔK–Amplituden bestimmt wird.)

4.9 Viskosität, Viskoelastizität

1. Sowohl viskoses als auch viskoelastisches Verformungsverhalten sind zeitabhängige Verformungen, wobei erstere irreversibel und letztere reversibel sind (Bild A4.19a,b).

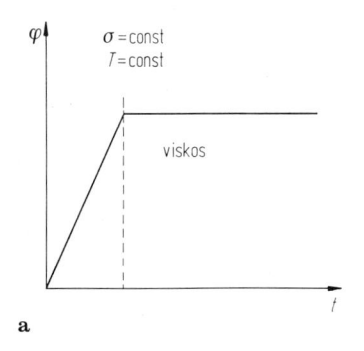

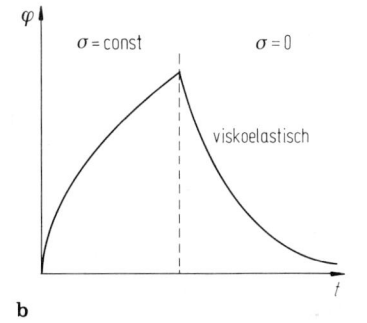

Bild A4.19

2a) Newtonsche Flüssigkeit $\tau = \eta\dot\varphi$ (Gase, Wasser)
 b) Nicht–Newtonsche Flüssigkeit (höhere Fließgeschwindigkeit durch Ausrichten der Molekülfäden)
 c) Viskoses Fließen nach dem Überschreiten einer Schwellspannung (Fließgrenze; Binghamsche Flüssigkeit).

3. Entweder durch die Auswertung der Hysterese im Spannungs–Dehnungs–Diagramm (Energieverlust pro Zyklus $[Jm^{-3}]$) oder durch die Bestimmung des logarithmischen Dekrements der Abklingamplitude.

4. Im Prinzip alle Prozesse, die Energie in Form von Wärme oder Defekten dissipieren.
   Metalle: Diffusion von Kohlenstoff in Stahl, Erzeugung von Versetzungen durch plastische Verformung; reversible Phasenumwandlungen (z. B. martensitische Umwandlung).
   Kunststoffe: Streckung von verknäuelten Molekülketten und durch das Vorbeirutschen von unvernetzten Molekülketten.

4.10 Technologische Prüfverfahren

1. Härte ist der Widerstand, den ein Werkstoff dem Eindringen eines sehr viel härteren Prüfkörpers entgegensetzt.

$$H = \frac{F}{0} \left[\frac{Kp}{mm^2} \right]$$

Hier wird nicht die nominelle Dimension einer Spannung verwendet, sondern es wird ein "Härtepunkt" angegeben.

2. Wenn die Härte durch plastische Verformung des zu prüfenden Werkstoffs ermittelt wird, ist sie ein integraler Wert aus der Streckgrenze und dem Verfestigungsverhalten. Daraus folgt, daß die in der Praxis häufig verwendete Umrechnungsformel für die Streckgrenze nur für vergütete Stähle im begrenzten Umfang gilt. (Die Härte von Gummi ist durch eine elastische Verformung bestimmt. Hier besteht keine Beziehung zum Spannungs–Dehnungs–Diagramm.)

3. — Adhäsion, μ_{ad},
   — elastische und plastische Verformung (Deformation), μ_{def},
   — Energiedissipation durch Ausbreitung von Rissen, μ_f,
   $$\mu = \mu_{ad} + \mu_{def} + \mu_f.$$

4. Unter einem Verschleißsystem versteht man z. B. einen Werkstoff A, der auf einem Werkstoff B gleitet. Dies geschieht in einer bestimmten Umgebung C und mit einem Schmiermittel D (also: Verschleißkörper, Gegenkörper, Umgebungsmedium, Zwischenmedium).
   Die Verschleißrate w ist im allgemeinsten Fall definiert als Abtragung pro Gleit-

weg und wird oft gemessen als Gewichtsabnahme pro Gleitweg. Der Kehrwert der Verschleißrate ist der Verschleißwiderstand: (w^{-1})

Den Verschleißkoeffizient k erhält man durch die Normierung der Verschleißrate mit der Druckspannung und der Härte des Werkstoffes. Der Verschleißkoeffizient k ist zu verstehen als die Abtragungswahrscheinlichkeit pro effektiver Berührungsfläche A_{eff} der beiden Stoffe (d. h., welcher Verschleißmechanismus vorliegt).

$$w = k \frac{|-\sigma|}{H} = k \frac{A_{eff}}{A_o} \qquad (1)$$

$$-\sigma = \frac{-F}{A_o} = \frac{Druckkraft}{Gesamtfläche} \qquad (2)$$

$$H = \frac{-F}{A_{eff}} = \frac{Druckkraft}{Berührungsfläche} \qquad (3)$$

5. Aus der Gleichung (1) und der Definition der Härte (4.10.1) folgt, daß die effektive Berührungsfläche A_{eff} der Oberflächen, die aufeinander gleiten, proportional der spezifischen Druckbelastung σ und umgekehrt proportional der Härte ist. D. h. also, je härter ein Werkstoff ist, desto größer ist sein Verschleißwiderstand (sofern sich der Verschleißmechanismus nicht ändert!).

5 Physikalische Eigenschaften

5.1 Werkstoffe im Kernreaktorbau

1.

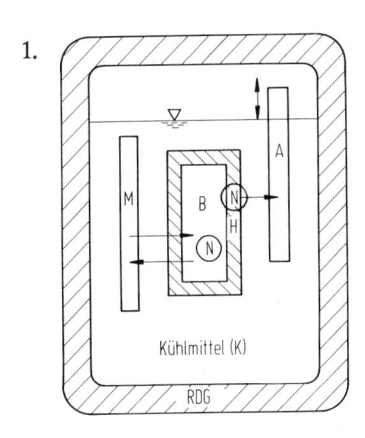

Bild A5.1

B: = **Brennstoff:** Als Brennstoff (Spalt− oder Brutstoff) finden Uran, Plutonium und Thorium entweder als metallische Legierung oder als Keramik Verwendung. Die wichtigsten Forderungen im Beanspruchungsprofil sind
  − hohe Konzentration des spaltbaren Anteils
  − hohe Schmelztemperatur
  − gute Wärmeleitfähigkeit und Temperaturwechselbeständigkeit.

H: = **Hüllwerkstoff:** Das Beanspruchungsprofil umfaßt folgende Punkte:
  − sehr gute Korrosionsbeständigkeit gegenüber dem Kühlmittel und Verträglichkeit mit dem Brennstoff
  − niedriger Absorptionsquerschnitt für thermische Neutronen
  − Undurchlässigkeit für Spaltprodukte
  − gute Wärmeleitfähigkeit
  − hinreichende Warmfestigkeit.

Als Hüllwerkstoff in wassergekühlten Reaktoren kommen vor allem rostbeständige austenitische Stähle und Zirkonlegierungen in Betracht.

K: = Kühlmittel; M: = Moderator: Wenn das Kühlmittel gleichzeitig als Moderator dient, so ist folgende Anforderung zu stellen: geringe Atommasse bei möglichst kleinem makroskopischen Einfangquerschnitt Σ_a und gleichzeitig großem Streuquerschnitt Σ_s.

A: = Absorber: Um eine stationäre Kettenreaktion im Reaktor aufrechtzuerhalten, ist ein Steuerelement notwendig, das die überschüssigen Neutronen vernichtet. Dies ist die Aufgabe des Absorbers, der je nach Betriebszustand tiefer oder weniger tief in die aktive Zone eingefahren wird und durch die Vernichtung von Neutronen den Reaktor "kritisch" hält. Die Hauptforderung an Absorberwerkstoffe ist deshalb ein möglichst großer makroskopischer Absorptionsquerschnitt Σ_a. Geeignete Werkstoffe sind z. B. Bor– und Hafnium–Legierungen.

RDG: = Reaktor–Druckgefäß: Hauptsächliche Forderungen an das Reaktor–Druckgefäß sind hohe Festigkeit bei Betriebstemperatur (Zeitstandfestigkeit) bei guter Bruchzähigkeit und guter Korrosionsbeständigkeit.

2a) Der mikroskopische Wirkungsquerschnitt σ eines Elementes ist durch diejenige Fläche definiert, innerhalb der ein Neutron in Wechselwirkung mit dem Atom tritt. Als Einheit wird Barn verwendet:

$1\ \text{Barn} = 10^{-28}\ \text{m}^2$.

b) Der makroskopische Wirkungsquerschnitt $\Sigma = \sigma \cdot N_v$ [m^{-1}] ist der mikroskopische Wirkungsquerschnitt auf das Volumen bezogen (N_v = Anzahl der Atome). Der reziproke Wert des makroskopischen Wirkungsquerschnitts entspricht der Absorptionslänge λ für Neutronen und stellt eine wichtige Größe zur Dimensionierung von Abschirmungen dar.

3. Spaltquerschnitt σ_f (für Brennstoff σ_f möglichst groß); Absorptionsquerschnitt σ_a (für Absorber, Abschirmung, σ_a möglichst groß);
Streuquerschnitt σ_s (für Moderator σ_s möglichst groß).

4. – Niedriger Absorptionsquerschnitt für thermische Neutronen
   – Korrosionsbeständigkeit gegenüber Kühlmittel
   – Kompatibilität mit Brennstoff
   – Undurchlässigkeit für Spaltprodukte
   – Gute Wärmeleitfähigkeit

- Hinreichende Warmfestigkeit
- geringe Empfindlichkeit für Strahlenschäden.

Den geringsten makroskopischen Absorptionsquerschnitt Σ_a hätte Beryllium mit $1,2 \cdot 10^{-4}$ [m^{-1}]. Berücksichtigt man jedoch alle Forderungen des Beanspruchungsprofils, so kommt das Eigenschaftsprofil von Zirkonlegierungen und das von rostfreien austenitischen Stählen am ehesten mit dem Beanspruchungsprofil (für Wasserkühlung) zur Deckung.

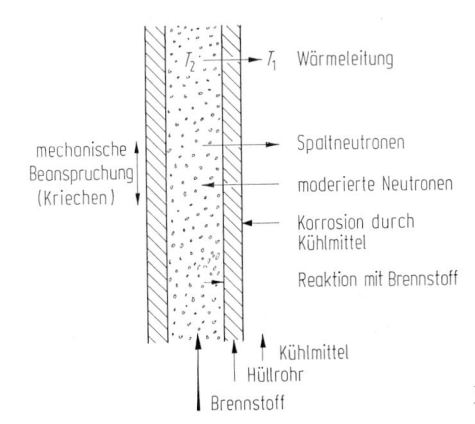

Bild A5.2

5a) Primär werden Strahlenschäden durch schnelle Neutronen verursacht (γ–Strahlung führt zur Erwärmung, Spaltprodukte x sind nur kurzreichweitig), die mit Atomen zusammenstoßen und diese auf Zwischengitterplätze stoßen. Es entsteht ein Frenkel–Defekt, bestehend aus einer Leerstelle und einem Zwischengitteratom.

b) Durch die Erzeugung von Punktfehlern steigen die Zugfestigkeit und die Streckgrenze, während die Duktilität und der K_{Ic}–Wert (Bruchzähigkeit) abnimmt (Strahlenversprödung).

5.2 Elektrische Leiter

1.

		Leiter	Isolatoren
a)	elektrischer Widerstand ρ_L [Ωm]	10^{-8}–10^{-6}	10^7–10^{16}
b)	Temperaturkoeffizient	negativ	positiv
c)	Bandstruktur	überlappendes Leitungs– und Valenzband	große "Verbotene Zone" zwischen Leitungs– und Valenzband

2.

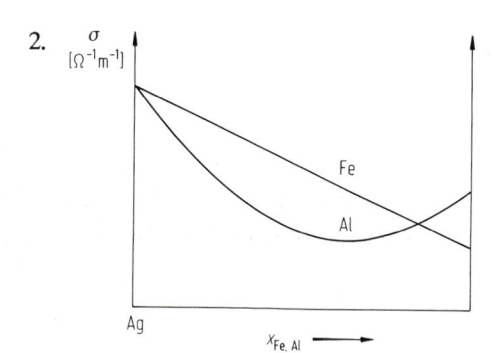

Bild A5.3

3. Da gelöste Atome den spezifischen Widerstand stark erhöhen (siehe 5.2.2), kann eine Festigkeitssteigerung niemals durch Mischkristallhärtung erfolgen. Der geeignetste Aufbau besteht aus einer gut leitenden Matrix (z. B. Kupfer), die durch kleine harte Teilchen einer zweiten Phase (Wolfram) gehärtet wird (Dispersionshärtung).

4. Da die Wärmeleitfähigkeit der elektrischen Leitfähigkeit bei den Metallen proportional ist, nimmt sie in der Reihenfolge reines Eisen, Baustahl St 37 und austenitischer Stahl ab (zunehmender Anteil gelöster Atome).

5.3 Ferromagnetische Werkstoffe

1. Hart– und weichmagnetisch bezieht sich auf die notwendige elektrische Feldstärke zur Entpolarisierung. Bei magnetisch harten Werkstoffen ist diese um mehrere Zehnerpotenzen größer als bei magnetisch weichen Werkstoffen (Bild A5.4).

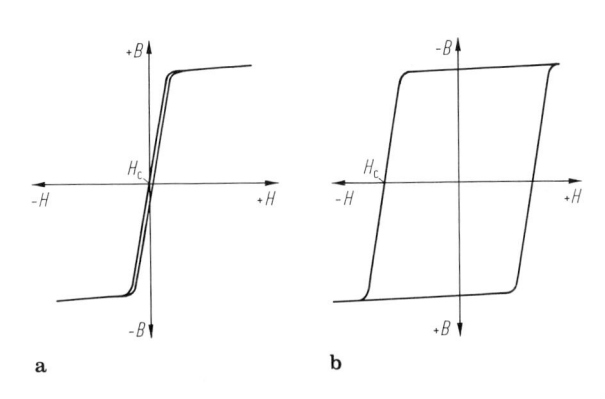

a) weichmagnetisch
b) hartmagnetisch

a
b

Bild A5.4

2. Anwendungen für

weichmagnetische Werkstoffe	hartmagnetische Werkstoffe
Transformatorbleche	Halterungen
Spulenkerne	Lautsprecher
Magnetspeicher	Läufer im Elektromotor
Abschirmung	
Tonköpfe	

3. — Durch das Zulegieren von Si zu α–Fe steigt der spezifische elektrische Widerstand, wodurch die Ummagnetisierungsverluste verringert werden.
   — Werden mindestens 2,2 Gew.% Si zulegiert, so werden umwandlungsfreie Wärmebehandlungen bis zu 1.400 °C möglich, da das γ–Gebiet eingeschnürt wird. Dadurch kann ein großkörniges, mit geringer Defektdichte behaftetes Gefüge eingestellt werden, das leicht ummagnetisierbar ist.
   — Einstellen einer Textur, die der magnetischen Vorzugsrichtung des Kristallgitters entspricht (Goss– oder Würfeltextur).
   — Lamellierung von möglichst dünnen Blechen mit dazwischenliegenden Isolationsschichten, um die Wirbelstromverluste zu verringern.
   Anmerkung: Als neueste Entwicklung werden metallische Gläser, die die besten weichmagnetischen Eigenschaften zeigen, eingesetzt.

4. Hartmagnetische Phasen (wie z. B. Eisenoxidteilchen) werden in eine meist aus Duromeren bestehende Matrix feindispers eingebettet.

5. Ferromagnetismus tritt sowohl in Metallen als auch in Keramik auf. Bezüglich der Atomarten tritt Ferromagnetismus nur in den Übergangsmetallen auf und hier in der zweiten Hälfte der jeweiligen Perioden. Außerdem ist der Ferromagnetismus auf bestimmte Phasen beschränkt (α–Fe ferromagnetisch, γ–Fe nicht). Dabei kann in bestimmten metallischen Verbindungen auch Ferromagnetismus auftreten, wenn die einzelnen Komponenten nicht ferromagnetisch sind (Heuslersche Legierung Cu_2MnAl).

6. Die magnetische Härtung stellt ein Maß für die notwendige elektrische Feldstärke zur Entpolarisierung dar.
   Voraussetzungen:
   – möglichst große Zahl von Gitterstörungen,
   – eine bezüglich der Magnetisierung starke Kristallanisotropie,
   – hohe Formanisotropie der dispergierten ferromagnetischen Teilchen.

5.4 Halbleiter

1. Das einfachste Modell zur Darstellung der Leitfähigkeit von Leiter, Halbleiter und Isolator ist das Energiebandmodell. Ausgehend von den diskreten Energieniveaus der Elektronen in Atomen, "verschmieren" diese Niveaus in Festkörpern, durch die gegenseitige Beeinflussung der Atome, zu Bändern. Man unterscheidet Valenz–, Verbotenes (nach der Quantenmechanik nicht mögliche Energiezustände von Elektronen) und Leitungsband. Während sich nun in Leitern (Bild A5.5a) das Valenzband mit dem Leitungsband überschneidet, so daß im letzteren stets leitfähige Elektronen vorhanden sind, ist der energetische Abstand zwischen beiden Bändern in Nichtleitern (Bild A5.5b) so groß, daß nur bei sehr starker Anregung ein Elektron ins Leitungsband gehoben werden kann (Durchschlag von Isolatoren). Halbleiter (Bild A5.5c) können durch Fremdatome so dotiert werden, daß das gegenüber dem Nichtleiter kleinere verbotene Band durch Aktivierung von Elektronen übersprungen werden kann.

2. Grundbauelemente der Halbleiter sind Silizium– oder Germanium–Einkristalle der IV–Gruppe. Sie sind wie Kohlenstoff kovalent gebunden und haben auch Diamantstruktur. Wird ein vierwertiges Si–Atom durch ein fünfwertiges Atom, wie z. B. P, As oder Sb (Donatoren), ersetzt, so wird das überzählige fünfte Elektron vom Valenz– in das Leitungsband angehoben und erzeugt damit eine Leitfähigkeit. Da die

Bild A5.5

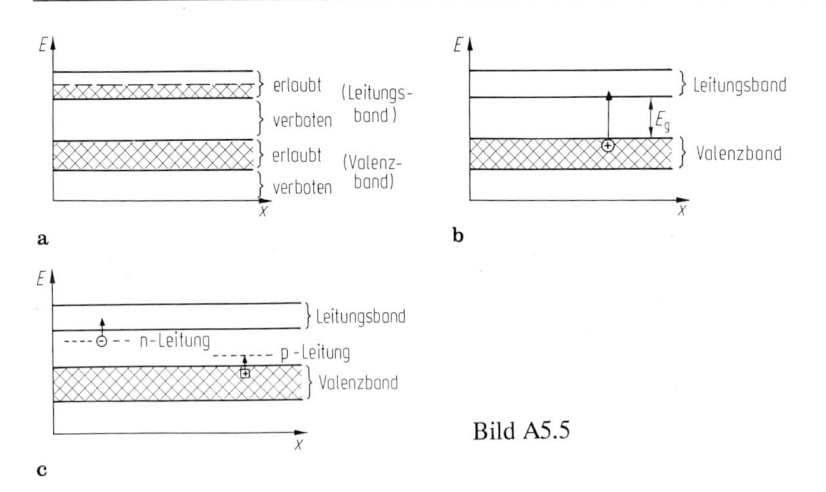

Leitfähigkeit durch einen negativen Ladungsträger erzeugt wird, wird sie n–Leitung genannt.

Dotiert man ein Element der III–Gruppe, wie z. B. In, B oder Al (Akzeptoren), so wird die sonst erfüllte Oktettregel im Si–Gitter durch das Fehlen eines Elektrones gestört. Das Valenzband zeigt eine hinsichtlich der elektrischen Ladung positive Defektstelle (e^+–Loch), die bei Anliegen eines elektrischen Feldes wandern kann und damit eine Leitfähigkeit erzeugt (= p–Leitung) (s. Bild A5.5c).

3. Beim Zonenschmelzverfahren wird mittels einer Heizspule ein schmaler Bereich eines Stabes aufgeschmolzen und, entweder durch die Bewegung der Spule oder des Stabes, durch die gesamte Länge des Stabes geführt (Bild A5.6a). Da Verunreinigungen die Schmelztemperatur reiner Stoffe senken, reichern sich gemäß dem Zustandsdiagramm die Verunreinigungen in der Schmelze an, während die ersten erstarrten Kristallite an ihnen "verarmen" (Bild A5.6b). Wird die schmelzflüssige Zone mehrmals (bis zu 50 mal) in einer Richtung durch den Stab geführt, so werden alle Verunreinigungen in einem Ende des Stabes konzentriert und man erhält einen hochreinen Werkstoff.

4. Die Diode als einfachstes Halbleiterbauelement besteht aus einem p– und einem n–Leiter (pn–Übergang). Wird ein elektrisches Feld gemäß Bild A5.7 angelegt, so werden die Ladungsträger über den pn–Übergang hinweg angezogen und es fließt ein Strom. Bei umgekehrter Polung werden sowohl die Elektronen als auch die positiven Leerstellen vom Übergang weggezogen, so daß die Dichte der Ladungsträger klein wird; der Strom wird gesperrt.

Bild A5.6

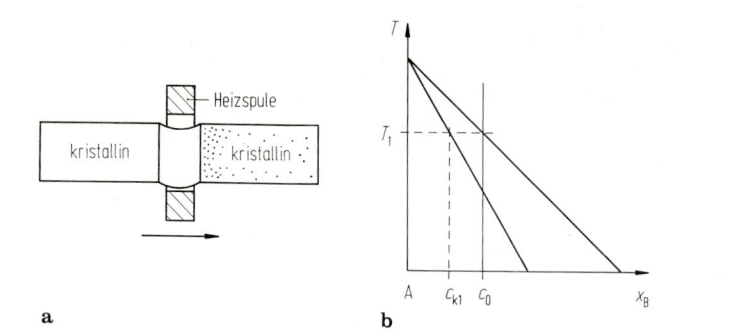

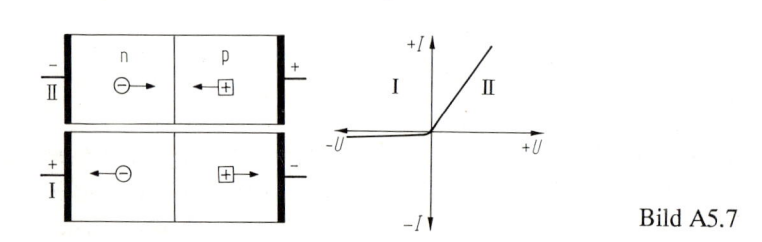

Bild A5.7

5. Integrierte Schaltungen werden aus Blöcken von sehr reinem einkristallinem Si hergestellt. Die p– und n–leitenden Bereiche werden dann in einer zweistufigen Behandlung hergestellt:
   – örtliches Aufdampfen von Atomen,
   – Diffusionsbehandlung.

   Sehr gut isolierende Schichten können durch eine Oxidation des Si zu SiO_2 hergestellt werden. Die notwendigen metallisch leitenden Zuleitungen entstehen durch das Aufdampfen reiner Metalle (z.B. Al).

6 Chemische Eigenschaften

6.1 Korrosion

1. **Korrosion** ist die unerwünschte, meist lokalisierte chemische Reaktion der Oberfläche mit dem umgebenden Medium, die zu einer Verschlechterung der mechanischen und optischen Eigenschaften führt.
   Spannungsrißkorrosion liegt vor, wenn die Entstehung und Ausbreitung von Rissen nicht alleine durch den Werkstoffzustand und die Spannungsverteilung im Rißgrund, sondern auch entscheidend durch das umgebende Medium und durch das Elektrodenpotential bestimmt ist.
   Rosten ist die Oxidation von Eisen an feuchter Luft, unter der Bildung von Eisenhydroxiden.
   Korrosionsermüdung ist Spannungsrißkorrosion unter dynamischer Beanspruchung. Charakteristisch ist eine größere Rißausbreitungsgeschwindigkeit und ein kleinerer Schwellwert für Rißausbreitung (K_{Iscc}) als unter Vakuumbedingungen.
   Wasserstoffversprödung führt zu einem makroskopisch verformungslosen Bruch (Sprödbruch), indem adsorbierter atomarer Wasserstoff in den Werkstoff eindiffundiert und sich an Spannungsspitzen anlagert. Durch Rekombination des Wasserstoffes entstehen hohe Drücke, die zur Dekohäsion des Gitters führen.

2. – Alle Arten von mechanisch induzierten Brüchen,
   – Verschleiß, verursacht durch Reibungskräfte,
   – Korrosion.

3. Alle Werkstoffe, die mit ihrer Umgebung im thermodynamischen Gleichgewicht sind, zeigen keine Korrosion und umgekehrt. Beispiele dazu sind
   a) nicht passivierbare unedle Metalle,

b) vollständig oxidierte Keramiken (SiO_2, Al_2O_3) in sauerstoffhaltiger Umgebung.

4. Bauteile aus unterschiedlichen Werkstoffen mit großen Potentialdifferenzen im Elektrodenpotential dürfen nicht leitend miteinander verbunden sein, da sonst das unedlere Bauteil angegriffen wird.

6.2 Elektrochemische Korrosion

1. Größere Korrosionsbeständigkeit ist bei AlZnMg–Legierungen zu erwarten, da die Potentialdifferenz zwischen Al und Zn (~ 0,94 V) wesentlich geringer als zwischen Al und Cu (~ 2,10 V) ist. Dies wird in der Praxis auch beobachtet.

2. Ein Lokalelement liegt vor, wenn sich zwei Gefügeelemente (Phasen, Ausscheidung) in ihrem Elektrodenpotential unterscheiden und ein Elektrolyt (z. B. Wasser) vorhanden ist, so daß ein Strom fließen kann. Es kommt zu einer lokalen Oxidation. Im Falle eines Fe–Cu Sinterwerkstoffes tritt eine Oxidation des Fe ein, da Fe mit Cu keine Verbindungen bildet, so daß im Werkstoff Fe als unedlere Phase neben Cu vorliegt.

3a) An feuchter Luft <u>rostet</u> Eisen nach folgenden chemischen Reaktionen:

$$Fe \rightarrow Fe^{2+} + 2e^-$$
$$Fe^{2+} \rightarrow Fe^{3+} + e^-$$
$$2e^- + \tfrac{1}{2}O_2 + H_2O \rightarrow 2(OH)^-$$
$$Fe^{3+} + 3(OH)^- \rightarrow Fe(OH)_3 \quad [\hat{=} \text{ Eisenhydroxyt (Rost)}]$$

b) An trockener Luft <u>verzundert</u> Eisen unter Ausbildung einer relativ kompliziert aufgebauten Zunderschicht:

$$Fe \mid FeO \mid Fe_3O_4 \mid Fe_2O_3$$

Grundwerkstoff ——————————————— Oberfläche

4. Unter Passivität versteht man die Erscheinung, daß ein Metall in einem Elektrolyten (z. B. Eisen in Salpetersäure), trotz großer treibender thermodynamischer Kraft für Korrosion, nicht angegriffen wird. Das Metall verhält sich wie ein Edelmetall.

5. Aluminium reagiert an der Oberfläche mit Sauerstoff zu einer festhaftenden Oxidschicht, die Aluminium vor einer weiteren Oxidation schützt:

$$2Al + 1,5 O_2 \rightarrow Al_2O_3$$

Für technische Zwecke wird diese Oxidation durch die Schaltung von Al als Anode künstlich herbeigeführt und damit die Oxidschicht verstärkt. Außerdem können Farbpartikel in die Oxidschicht mit eingelagert werden → Eloxieren.

6. – Korrosionsschutz durch Beschichtung mit einem edleren Element, das nicht angegriffen wird: Verzinnen, Vergolden.
   – Beschichtung mit einem unedleren Element, das bevorzugt angegriffen wird: Verzinken.
   – Zulegieren von mindestens 13 Gew.% Cr, wodurch sich eine Passivierung einstellt (rostfreie Stähle).
   – Beschichtung mit einem chemisch nicht reagierenden Werkstoff, meist mit Kunststoffen oder auch Email.

7. Für festhaftende Zunderschichten ist das Dickenwachstum bestimmt durch die Diffusion der Atome durch die Schicht hindurch:

$$\frac{d\Delta x}{dt} = K \cdot \frac{1}{\Delta x} \tag{1}$$

Δx = Schichtdicke
t   = Zeit
K   = Proportionalitätskonstante

Die Integration mit $\Delta x = 0$ für $t = 0$ als unterer Grenze ergibt sich

$$(\Delta x)^2 = 2 Kt \tag{2}$$

oder

$$\underline{\underline{\Delta x = \sqrt{2 K t}}}$$

6.3 Spannungsrißkorrosion (SRK)

1. (Siehe 6.1.1) ergänzend: Der primär durch SRK erzeugte Bruch ist ein makroskopisch verformungsloser Bruch.

2. Vorwiegend unedlere Werkstoffe, die durch Passivierung korrosionsbeständig sind.
   – Werkstoffe, die sich, sehr stark lokalisiert, in Gleitbändern plastisch verformen (transkristalline Korrosion).
   – Werkstoffe, bei denen die Korngrenzen besonders geeignete Angriffsorte bieten (interkristalline Korrosion).

3. – <u>Statische Beanspruchung</u>: Werkstoff wird im korrosiven Medium einer Zugspannung ausgesetzt und die Lebensdauer bis zum Bruch bestimmt.

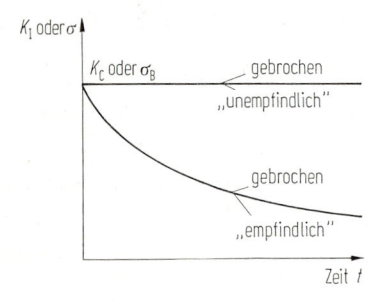

Bild A6.1

– <u>Dynamische Beanspruchung:</u> Es wird die Rißausbreitungsgeschwindigkeit da/dN im Vakuum und im korrosiven Medium (meist 3,5%– NaCl–Lösung) in Abhängigkeit von der Schwingbreite der Spannungsintensität ΔK bestimmt.

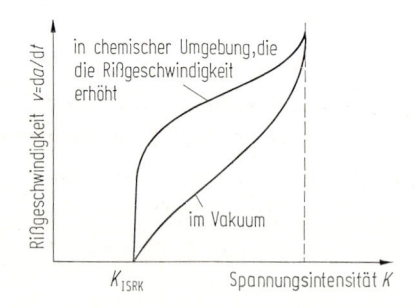

Bild A6.2

4. Für die Durchführung von Bruchmechanikversuchen in korrosiven Medien gelten alle Regeln, wie sie bereits in 4.6.3 dargestellt worden sind. Versuchstechnisch sind lediglich leicht abgewandelte Formen der Proben oder z. B. ein horizontaler Aufbau der Versuchsmaschine für die Anbringung des korrosiven Mediums notwendig.

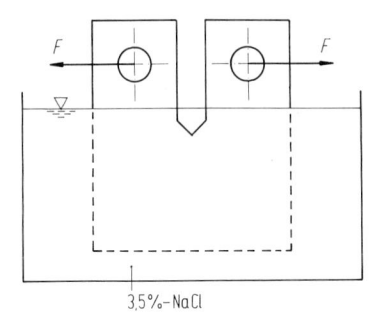

Bild A6.3

Für die K_{Iscc}–(scc = stress corrosion cracking) Bestimmung wird die Probe unter einem korrosiven Medium mit einer bestimmten Spannungsintensität K (bzw. Spannung) beaufschlagt, so daß unter der Wirkung von Spannungsrißkorrosion Rißausbreitung einsetzt. Je nach Wachstumsgeschwindigkeit des Risses erreicht nach kürzerer oder längerer Zeit t der Riß seine kritische Länge und es tritt Bruch ein. Trägt man über die Zeit bis zum Bruch die Spannungsintensität auf, so stellt sich die Wirkung der Spannungsrißkorrosion als eine Erniedrigung der Bruchzähigkeit dar, für die ein Schwellwert ΔK_{Iscc}, unterhalb dessen keine Rißausbreitung unter korrosiven Einfluß stattfindet (siehe Bilder A6.1 und A6.2), existiert.

5. Prinzipiell kann ein Riß unter SRK–Bedingungen sich ebenfalls trans– oder interkristallin ausbreiten. Häufig liegt jedoch eine Änderung des Rißausbreitungsmechanismus bei SRK–Bedingung vor, so daß umgekehrt durch die Kenntnis des Rißausbreitungsmechanismus unter inerten Bedingungen auf einen SRK–Schaden geschlossen werden kann.
Beispiel: Aluminium ist kfz und zeigt unter normalen Bedingungen ein transkristallines Rißausbreitungsverhalten. Wird die Wasserstoffkonzentration erhöht, diffundiert dieser in die Korngrenzen und versprödet sie, so daß die Rißausbreitung interkristallin erfolgt.

7 Keramische Werkstoffe

7.1 Allgemeine Kennzeichnung

1. Die moderne Definition der keramischen Werkstoffe weist dieser Werkstoffgruppe alle nicht–metallischen und nicht–hochpolymeren Werkstoffe zu und umfaßt daher auch die nicht–oxidische Keramik. In der Technik wird als Keramik meist nur die Oxidkeramik bezeichnet und eingeteilt in Keramik/Glas/Bindemittel.

2. – <u>Keramik:</u> Hochtemperaturwerkstoffe für Ausmauerungen von Öfen,
   – <u>Glas:</u> Werkstoffe für chemischen Apparatebau und Optik,
   – <u>Bindemittel:</u> Zement in der Bauindustrie.

3. Durch ihren spezifischen elektrischen Widerstand, der im Falle der Metalle bei steigender Temperatur zunimmt und bei den Keramiken fällt (siehe auch 5.2.1).

4. Bei Raumtemperatur sind Keramiken
   – thermodynamisch stabil (kein korrosiver, chemischer Angriff),
   – hart und spröde,
   – elektrische Isolatoren.

5. Asbest besitzt eine Faserkristallstruktur mit einer starken Bindung in der Faserachse und einer schwachen Bindung zwischen den Fasern. Dies führt bei Spaltung zu spitzen Kriställchen, die, eingeatmet, in der Lunge mechanische Schäden erzeugen und so potentielle Orte für Krebsbildung schaffen.
   (Gegenwärtig wird versucht, Asbest durch organische Fasermoleküle zu ersetzen.)

7.2 Nicht-oxidische Keramik

1. – Diamant als Hartstoff,
   – Graphit als Schmierstoff und Gefügebestandteil des Gußeisens,
   – Kohleglas im chemischen Apparatebau (chemisch beständig),
   – Kohlefaser im Verbundwerkstoff.

2. Keramische Werkstoffe besitzen eine geringe Wärmeleitfähigkeit bei niedriger Bruchzähigkeit, so daß Wärmespannungen sofort zum Bruch führen.
   Die technische Eigenschaft "Temperaturwechselbeständigkeit" ist eine Kombination folgender Eigenschaften, aus denen sich ein Kennwert für die Werkstoffauswahl berechnen läßt:

$$R = \frac{K_{Ic} \cdot \lambda \cdot T_{kf}}{E \cdot \alpha}$$

   Damit eine Keramik eine gute Temperaturwechselbeständigkeit besitzt, muß sie zu allererst warmfest sein, d. h. eine hohe Schmelztemperatur T_{kf} besitzen. Zur Vermeidung von Temperaturgradienten und den daraus bedingten Wärmespannungen, die insbesondere beim Aufheizen und Abkühlen entstehen, muß der Wärmeleitfähigkeitskoeffizient λ groß, der Ausdehnungskoeffizient α und der E–Modul jedoch klein sein. Außerdem erträgt die Keramik die Wärmespannungen ohne Rißbildung umso besser, je größer die Bruchzähigkeit K_{Ic} ist. Je nachdem, ob der Werkstoffkennwert maximiert oder minimiert werden soll, schreibt man ihn in den Zähler oder Nenner und erhält so den obigen Quotienten. Derjenige Werkstoff, aus dessen Werkstoffkennwerten sich der größte R–Faktor errechnet, zeigt die beste Temperaturwechselbeständigkeit.

3. Phasen müssen geringe relative Atommasse besitzen, also weit vorne im Periodensystem stehen und fest gebunden sein, was bei der kovalenten Bindung der Fall ist. Beispiele: B, C, Be.

4. – Als Absorberwerkstoff in Kernreaktoren,
   – in der Oberflächentechnik zur Borierung von Stählen,
   – in Verbundwerkstofftechnik als hochfeste Borfaser.

7.3 Oxidkeramik

1. Die obere Verwendungstemperatur wird durch das Auftreten von schmelzflüssigen Phasen begrenzt, d. h. sie liegt immer unterhalb der im Zustandsdiagramm eingezeichneten Zweiphasengebiete, in denen eine Phase flüssig (f) ist.

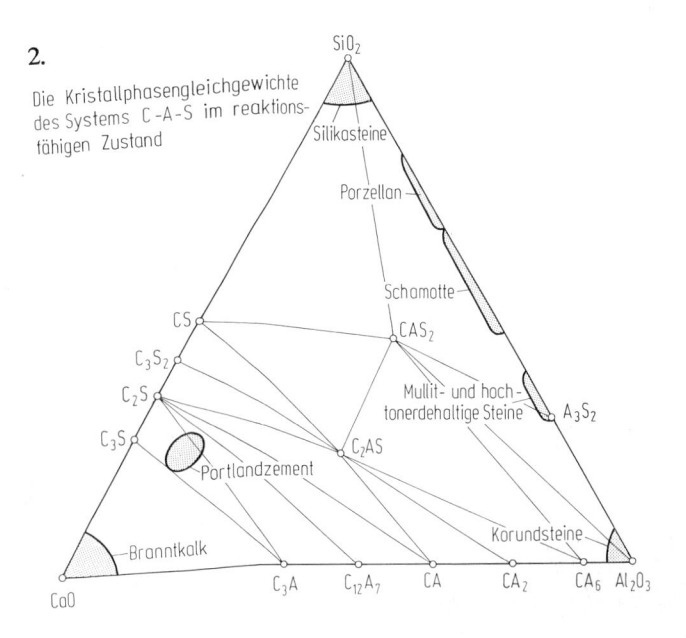

2. Die Kristallphasengleichgewichte des Systems C-A-S im reaktionsfähigen Zustand

Bild A7.1

3. Die plastische Verformbarkeit beruht bei:
   a) <u>Metallen</u> auf der Gleitung in Kristallebenen mit Hilfe von Versetzungen,
   b) <u>feuchtem Ton</u> auf dem Gleiten auf durch Adhäsion gebundenen Flüssigkeitsschichten, die zwischen Feinstkristallen liegen,
   c) <u>Oxidglas</u> auf dem viskosen Fließen, das nur bei erhöhter Temperatur möglich ist.

4. <u>Vorteile:</u> hohe Schmelztemperatur, hohe Oxidationsbeständigkeit,
   <u>Nachteil:</u> Temperaturwechselbeständigkeit gering (siehe 7.2.2).

5. – Korund ist vollständig im thermodynamischen Gleichgewicht (vollständig oxidiert),
   – Polyäthylen ist reaktionsträge, d. h. die Oxidation ist sehr schwer aktivierbar,
   – Chromstahl ist durch eine dünne Oxidschicht passiviert.

7.4 Zement-Beton

1. Hydraulische Zemente binden durch die Einlagerung von Wasser ab (sind im Wasser nicht löslich),
   nichthydraulische Zemente wie Kalk binden nicht durch Wasser, sondern durch Karbonat ab (ist in Wasser löslich).

2. Entscheidend ist, daß die Verbindung Ca_3SiO_5 die besten Eigenschaften als hydraulischer Zement hat. Diese Verbindung bildet sich jedoch erst oberhalb von 1.200 °C. Daraus folgt für die Zementherstellung, daß man ein Gemisch aus SiO_2 und CaO herstellt und es auf diese Temperatur erhitzt. Anschließend muß zur Erzielung einer großen Oberfläche der Zement noch gemahlen werden.

3. Beton besteht aus den Gefügebestandteilen Schotter (Kiesel), Sand und Zement, die aufgrund ihrer unterschiedlichen Größe eine dichte Packung bilden. Durch die Hydratation des Zements verkleben diese Gefügebestandteile zu einer wasserunlöslichen Verbindung.

4.

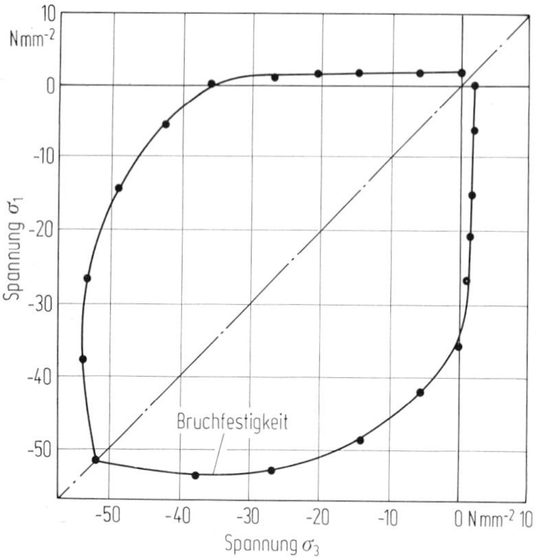

Bild A7.2

5. Beton ist durch seine Druckfestigkeit in kp/cm^2 ($\hat{=}$ 0,1 N/mm^2) gekennzeichnet.
   BN 200 = 200 kp/cm^2 $\hat{=}$ 20 MPa.

7.5 Oxidgläser

1. In allen Werkstoffgruppen können Gläser hergestellt werden. Die dazu notwendigen Abkühlungsgeschwindigkeiten unterscheiden sich aber erheblich. Leicht herzustellen sind Oxide mit eutektischer Zusammensetzung sowie Polymere mit flexiblen Ketten. Schwer herzustellen sind Ionenkristalle und Metalle. Kennzeichnend für die Glasstruktur ist eine ungeordnete Anordnung von Baugruppen (z. B. SiO_2, diese selbst sind wohlgeordnete Tetraeder). Im Gegensatz zum vollständig geordneten Kristall besteht die Glasstruktur aus ungeordneteren Atomgruppen oder Molekülen.
In
Keramiken: regelloses Netz von Atomgruppen,
Metallen: regellose Atomanordnung,
Polymeren: regellos verknäuelte Molekülketten.

2. Die Schmelztemperatur T_{fk} ist durch das thermodynamische Gleichgewicht zwischen flüssiger und fester Phase gegeben. Die Glastemperatur (T_g) ist diejenige Temperatur, bei der eine unterkühlte Flüssigkeit einfriert, d. h. Diffusionsvorgänge relaxieren die Struktur nicht mehr in meßbaren Zeiten (aber kein thermodynamisches Gleichgewicht!). Die Neuformung von Oxidgläsern erfolgt oberhalb von T_g, während die Verwendungstemperatur darunter liegt.

3. Der Bereich des Fensterglases liegt zwischen 60 und 78 Mol–% SiO_2, Rest Na_2O (siehe Bild F7.4).

4. $\epsilon_{ges} = \sigma \cdot \left[\dfrac{1}{E} + \dfrac{t}{\eta} \right] + c(t)$

                   elast.   viskoses
                 Verformung Fließen

   Welches Verformungsverhalten dominiert, hängt von der Temperatur ab, da η stark temperaturabhängig ist.

8 Metallische Werkstoffe

8.1 Metalle allgemein und reine Metalle

1. Ein Metall ist ein Stoff mit folgenden Eigenschaften:
   - Reflexionsfähigkeit für Licht.
   - hohe elektrische und thermische Leitfähigkeit,
   - plastische Verformbarkeit und Bruchzähigkeit (auch bei tiefer Temperatur),
   - in einigen Fällen Ferromagnetismus,
   - chemisch meist nicht beständig.

2. - Gußeisen (GG), Stahl (St):
     GG: Schmelztemperatur ~ 1.250 °C, etwa eutektisch, nicht plastisch verformbar;
     St: Schmelztemperatur ~ 1.540 °C, gut plastisch verformbar, bruchzäh
   - Silumin (G–AlSi12), (AlMg 5):
     G–AlSi: Schmelztemperatur 580 °C, etwa eutektisch,
     AlMg 5: Schmelztemperatur 650 °C, gut verformbar, meerwasserbeständig.

3. - niedriger Schmelzpunkt,
   - eutektische Zusammensetzung,
   - feines Gefüge,
   - geringe Volumenkontraktion (Schwindung),
   - geringe Seigerungsneigung,
   - gutes Formfüllvermögen.

4. Hoher Schmelzpunkt: kleiner Atomradius (Be), kovalenter Bindungsanteil (V, W, Übergangsmetalle).
   Niedriger Schmelzpunkt: umgekehrt (Sn, Pb, B).

5. Leitkupfer; Wolfram für Glühfäden (mit Dispersion keramischer Teilchen); Ag, Al für Spiegel (sehr selten).

8.2 Mischkristallegierungen

1. Siehe dazu in den betreffenden Zustandsdiagrammen (Bild F8.1a–c) die mit "α" und "$\alpha+\beta$" gekennzeichneten Phasenfelder (Temperaturbereiche beachten!).

2. In Cu–gelöste Atome (Zn, Al, Si) erhöhen Streckgrenze und Verfestigungskoeffizienten. Dadurch erhöht sich auch Gleichmaßdehnung und Tief– und Streckziehfähigkeit.

3. Entscheidend für Mischkristallhärtung ist die Differenz der relativen Atomradien.

$$\left| \frac{r_x - r_{Fe}}{r_{Fe}} \right| = \epsilon \qquad \Delta\sigma \approx G\, x^{1/2} \cdot \epsilon$$

Dazu muß der nächste Atomabstand berechnet werden.

Atom.	Struktur	a	r_x	ϵ	$\Delta\sigma$[MPa]	A	Gew.%
α–Fe	krz	0,287	0,124	/	/	56	–
Ce	krz	0,288	0,125	0,008	67,2	52	8,58
Mo	krz	0,315	0,136	0,097	814,8	96	1,70
Al	kfz	0,405	0,143	0,153	1285	27	0,48
P	(krz)*	0,217	0,094	0,242	2033	31	0,57

*berechnet aus Gitterparameter der krz Fe(P)–Mischkristalle

gegeben:
— Umrechnungsformel At.% → Gew.%

$$w = \frac{x_x A_x}{x_{Fe} A_{Fe} + x_x A_x} = \frac{1}{1 + \dfrac{x_{Fe} A_{Fe}}{x_x A_x}} \qquad (1)$$

8 Metallische Werkstoffe

mit:
$x_x = 0{,}01$, $x_{Fe} = 0{,}99$

— Schubmodul für α–Fe:

$G_{\alpha-Fe} = 84\,\text{GPa}$

4. Mischkristallbildung führt immer zu einer Mischkristallhärtung (siehe 8.2.3). Die Streckgrenze wird wie der spezifische elektrische Widerstand ρ erhöht. Die Schmelztemperatur (Schmelzbereich) kann bei vollständiger Mischkristallbildung entweder erhöht oder erniedrigt werden, je nach Schmelzpunkt der zugemischten Atomart (siehe entsprechende Zustandsdiagramme mit Mischkristallgebieten in den vorigen Kapiteln).

8.3 Ausscheidungshärtbare Legierungen

1. Bei Zusammensetzungen, bei denen die Löslichkeit mit abnehmender Temperatur sinkt.

2.

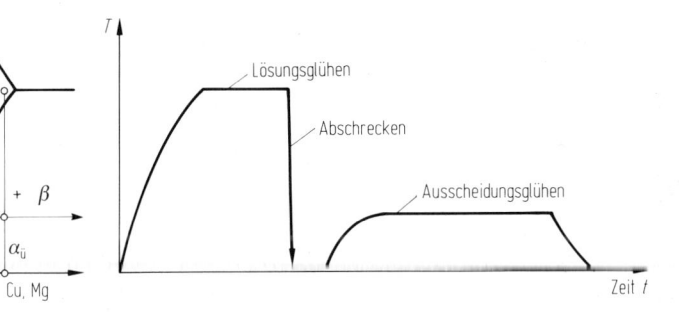

Bild A8.1

— Homogenisieren $\equiv$ Glühen im Mischkristallgebiet, so daß ein übersättigter Mischkristall $\alpha_{\ddot{u}}$ entsteht.
— Auslagern $\equiv$ Glühen im Zweiphasengebiet, so daß die β–Phase fein dispers ausgeschieden wird.

$\alpha_{\ddot{u}} \rightarrow \alpha + \beta$

3. $\underline{\underline{\Delta \tau_T}} = Gb/D_T = \dfrac{84 \cdot 10^3 \cdot 0{,}25 \cdot 10^{-6}}{100 \cdot 10^{-6}} = \underline{\underline{210 \text{ MPa}}}$ \hfill (1)

$G_{\alpha-Fe} = 84.000 \text{ MPa}$

$b_{\alpha-Fe} = 0{,}25 \text{ nm}$

$D_T = 100 \text{ nm}$

4. Die Erhöhung der Streckgrenze einer ausscheidungsgehärteten Legierung ist gegeben durch

$\Delta \sigma_T = Gb/D_T$

Nach Ende der Ausscheidung tritt bei isothermer Glühung (bei T_A) Teilchenwachstum (d_T = Teilchen–Durchmesser) bei konstantem Volumenanteil f_T auf. Der Teilchenabstand D_T nimmt proportional dem Teilchendurchmesser d_T zu:

$$\dfrac{d_T}{D_T} = cf^{1/2} = \text{const.} \hspace{2cm} (2)$$

Folglich nimmt die Streckgrenze ab. Die Legierung befindet sich im <u>überalterten Zustand</u>.

5. Aus Gleichung (1) und (2):

$\Delta \tau_T = \dfrac{Gbcf_{Nbc}^{1/2}}{d_T}$

$f_{Nbc} = \left(\dfrac{\Delta \tau_T \, d_T}{Gbc}\right)^2 = \left(\dfrac{500 \cdot 5}{84.000 \cdot 0{,}2482 \cdot 0{,}5}\right)^2 =$

$= 0{,}058 \cong 5{,}8 \text{ Vol.-\%}$

Umrechnung des Volumenanteils von NbC in Gewichtsprozente:

$$w_{NbC} = \cfrac{1}{1 + \cfrac{f_{\alpha-Fe} \cdot \rho_{\alpha-Fe}}{f_{NbC} \cdot \rho_{NbC}}} = \cfrac{1}{1 + \cfrac{0{,}942 \cdot 7{,}88}{0{,}058 \cdot 7{,}78}} =$$

$$= 0{,}057 \cong 5{,}7 \text{ Gew.-\%}$$

⇒, daß 100 kg Schmelze 5,7 kg NbC enthalten muß.

Aus den relativen Atommassen von C (A_c = 12,0111) und Nb (A_{Nb} = 92,906) sowie der Zusammensetzung von NbC (50% Nb, 50% C) läßt sich der Nb–Anteil berechnen:

$$w_{Nb} = \cfrac{1}{1 + \cfrac{x_{Nb} \cdot A_{Nb}}{x_c \cdot A_c}} = \cfrac{1}{1 + \cfrac{0{,}5 \cdot 92{,}906}{0{,}5 \cdot 12{,}011}} =$$

$$= 0{,}8855 \cong 88{,}55 \text{ Gew.-\%}$$

⇒, daß in 5,7 kg NbC 5,05 kg Nb enthalten ist.

D.h., um eine Erhöhung der kritischen Schubspannung $\Delta\tau$ = 500 MPa durch NbC–Teilchen zu erreichen, muß einer 100 kg Schmelze 5,05 kg Nb zugefügt werden.

6. — Ursache: Die Keimbildung von Ausscheidungen erfolgt mit Hilfe von Leerstellen. Da Korngrenzen aber sogenannte Leerstellensenken darstellen, sind dies Zonen geringer Teilchendichte und geringer Festigkeit.
  — Konsequenzen: Die teilchenfreie Zone stellt einen Bereich geringer Härte und Festigkeit entlang der Korngrenzen dar. Bei Belastung kann dies zu einem vorzeitigen Versagen der Korngrenzen führen (interkristalliner Bruch).

8.4 Umwandlungshärtung

1. — Fe: $\alpha \rightarrow \gamma \rightarrow \delta$–Fe
   — Sn: $\alpha \rightarrow \beta$–Sn
   — Ti: $\alpha \rightarrow \beta$–Ti
   — Co: $\alpha \rightarrow \beta$–Co
   — U: $\alpha \rightarrow \beta \rightarrow \gamma$–U

2.

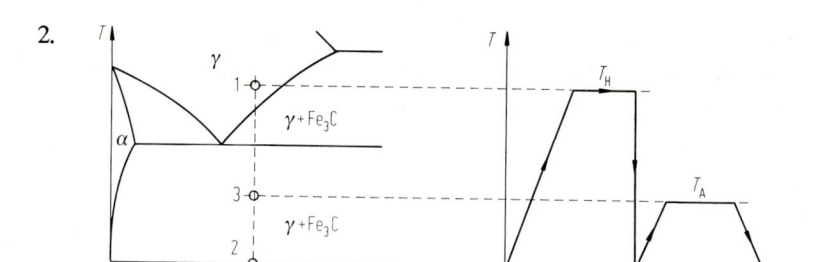

Bild A8.2

- Austenitisieren im $\gamma + Fe_3C$–Gebiet (wegen unverhältnismäßig langen Zeiten wird nicht das gesamte Fe_3C aufgelöst);
- Abschrecken (Martensitbildung, jedoch Perlitbildung vermeiden);
- Anlassen (feine Karbide im Martensit, gute Bruchzähigkeit).

3a) Umkristallisieren eines untereutektoiden Stahls durch Erhitzen ins γ–Gebiet und Abkühlen.

b) Kombinierte Behandlung von Härten (8.4.2) und Anlassen bei erhöhten Temperaturen zur Verbesserung der Bruchzähigkeit/Kerbschlagzähigkeit.

c) (siehe 8.4.2) Erwärmen auf Temperatur, bei der die Diffusion so schnell abläuft, daß Ausscheidung innerhalb von < 1 Stunde eine gewünschte Eigenschaftsänderung (Erhöhung der Bruchdehnung oder Erhöhung der Streckgrenze) bewirkt.

d) Meist durch Segregation an Korngrenzen bedingter interkristalliner Bruch, führt zur Abnahme der Bruchdehnung.

e) Abnahme der Streckgrenze beim Anlassen wird durch Zusetzen bestimmter Legierungselemente (Cr, Mo, V im Stahl) zu höheren Temperaturen verschoben. Grund: langsame Diffusion dieser Elemente bei Karbidbildung.

f) Wärmeleitfähigkeit bestimmt denjenigen Durchmesser, bis zu welchem ein Stahl beim Abschrecken (H_2O) martensitisch umwandelt und dadurch härtet. Durch bestimmte Legierungselemente wird das Umwandeln der Perlitstufe verzögert (z.B. B, Cr, Mo) und damit in größerer Dicke martensitische Umwandlung und damit Härtung (oder Vergütung) ermöglicht.

4a) Warmfestigkeit kommt zustande durch Gleitbehinderung durch Karbide, deren Vergröberung bei Betriebstemperatur begrenzt ist. Verwendungstemperatur: Cr legiert 650 °C, Mo legiert 550 °C.

b) Warmfestigkeit durch langsame Diffusion im kfz–Gitter plus Ausscheidung von Teilchen (aushärtbare austenitische Stähle), Verwendungstemperatur: 750 °C.

c) Warmfestigkeit wie b), zusätzlich zweierlei Teilchen (Oxide und intermetallische Verbindung $Ni_3Al \equiv \gamma'$), Einkristalle, gerichtet erstarrte Eutektika, Superlegierungen, Verwendungstemperatur: 1.050 °C.

5. Bei der eutektoiden Umwandlung findet eine Neubildung von zwei unterschiedlichen Phasen in der Reaktionsfront statt, $(\gamma \rightarrow \alpha + \beta)$.

   Während einer diskontinuierlichen Ausscheidung wird eine Kristallart β aus einem übersättigten Mischkristall $\alpha_{\ddot{u}}$ gebildet. Dabei ändert die α–Phase nicht ihre Kristallstruktur, sondern nur die chemische Zusammensetzung in Richtung des Gleichgewichtes, $(\alpha_{\ddot{u}} \rightarrow \alpha + \beta)$.

9 Kunststoffe (Hochpolymere)

9.1 Molekülketten

1. Aus allen kohlenstoffhaltigen Mineralien: Kohle, Erdöl, (Erdgas).

2. $A_H = 1$, $A_C = 12{,}0$, $A_{Cl} = 35{,}5$, $M_{C_2H_3Cl} = 62{,}5$

   $\rightarrow \underline{\underline{M_{PVC} = 62{,}5 \cdot 10^4}}$

3a) PP–Polypropylen

$$\begin{bmatrix} H & H \\ C & - & C \\ H & CH_3 \end{bmatrix}_n$$

b) PTFE: Poly–tetra–fluor–ethylen

$$\begin{bmatrix} F & F \\ C & - & C \\ F & F \end{bmatrix}_n$$

c) PA – Polyamid, z.B.

$$\begin{bmatrix} & H & H & H & H & H & O \\ N & - C - C - C - C - C - C \\ & H & H & H & H & H \end{bmatrix}_n \quad \text{(Perlon)}$$

d) PA 6– Polyamid 6

4a) Struktur der Kette: z. B. Folge von Seitengruppen, Verzweigungen;
 b) Form der Moleküle: z. B. Knäuel, gestrecktes Molekül;
 c) Anordnung der Seitengruppen am Monomer: z. B. PP asymmetrisch, PTFE symmetrisch;
 d) Reihenfolge auch besonderer Seitengruppen in der Kette: ataktisch = regellos, isotaktisch = regelmäßig.

9.2 Kunststoffgruppen

1.+2
 a) Thermoplaste (T) (oder Plastomere): unvernetzte Ketten, plastisch verformbar nach Erwärmen;
 b) Duromere (D): stark vernetzt, dann nicht mehr plastisch verformbar;
 c) Elastomere (E): verknäuelte Ketten, schwach vernetzt: stark elastisch verformbar.

3a) E–Modul : $E \to T \to D$
 b) R_m : $E, T \to D$
 c) $\epsilon_{pl,RT}$: $E, D \to T$
 d) $\epsilon_{pl,>RT}$: $E, D \to T$.

4.

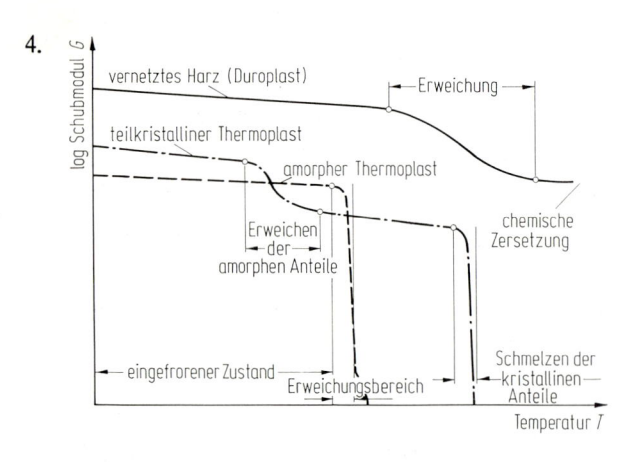

Bild A9.1

9.3 Mechanische Eigenschaften I

1.

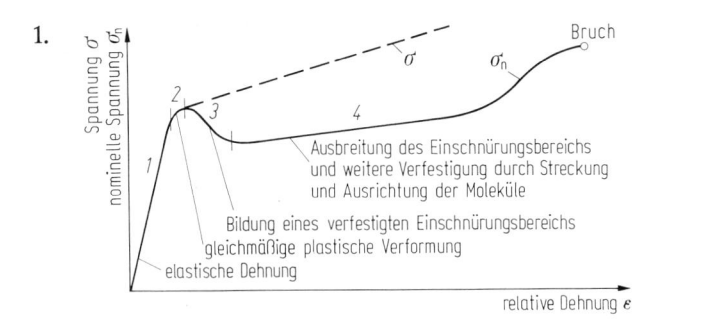

   Bild A9.2

   Beschriftungen im Diagramm:
   - Spannung σ / nominelle Spannung σ_n
   - relative Dehnung ε
   - Bruch
   - σ, σ_n
   - 1 elastische Dehnung
   - 2 gleichmäßige plastische Verformung
   - 3 Bildung eines verfestigten Einschnürungsbereichs
   - 4 Ausbreitung des Einschnürungsbereichs und weitere Verfestigung durch Streckung und Ausrichtung der Moleküle

2. siehe Erläuterungen in Bild A 9.2

3.

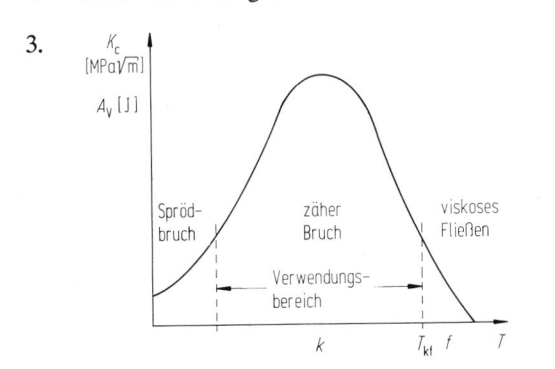

   Bild A9.3

   Beschriftungen im Diagramm:
   - K_c [MPa$\sqrt{m}$]
   - A_V [J]
   - Sprödbruch
   - zäher Bruch
   - viskoses Fließen
   - Verwendungsbereich
   - k, T_{kf}, f, T

4. — Einmischen von Elastomeren in PS. Diese bilden eine Dispersion und wirken als Rißstopper, indem sie an ihren Grenzflächen plastische Verformung zulassen.
   — Einmischen von Weichmachern. In PVC werden Moleküle mit mittlerem Molekulargewicht $100 < \overline{M} < 1.000$ eingemischt, die die Molekülketten "auseinanderrücken". Die Übergangstemperatur zum Sprödbruch wird erniedrigt.
   — Durch Werkstoffverbund z. B. Einbringen von Metall– oder Aramidfasern.

9.4 Mechanische Eigenschaften II

1. <u>Schäume</u> entstehen durch Polymerisationsreaktion, bei der gasförmige Komponenten gebildet werden: PUR (Polyurethan) oder durch Einblasen eines Gases in zähflüssige Thermoplaste: Dampf in PS (Polystyrol) bei 70 °C.
   Die Mikrostruktur setzt sich aus geschlossenen Zellen und den von ihnen eingeschlossenen Poren zusammen. Zur Kennzeichnung der Dichte von Schäumen dient

die sogenannte Rohdichte:

$f_{Polymer} + f_{Pore} = 1$

$\rho_R = \rho_{Polymer} \cdot f_{Polymer} + \rho_{Poreninhalt} \cdot f_{Pore}$ (Rohdichte)

2. Parallelschaltungsmodell:

$E = E_{Polymer} \cdot f_{Polymer}$ (geschlossener Schaum)

3a) μ = niedrig   PTFE, PE
 b) μ = hoch   PA, PMMA (trockene Umgebung!)

Unsymmetrische Moleküle führen zu hoher Oberflächenenergie und folglich zu starker Adhäsion (Klebrigkeit) und umgekehrt. Bemerkung: durch Adhäsion von Wassermolekülen (in feuchter Luft) wird μ erniedrigt.

4. Ein eindeutiger Zusammenhang ist noch nicht gefunden worden:
   – PTFE: zeigt hohen Verschleiß
   – PE: mit hohem Molekulargewicht, beste Kombination von niedrigem Reibungskoeffizienten und Verschleißrate
   – PA: zeigt diese günstige Kombination nur in feuchter Luft.

   Die Erforschung dieses Gebietes ist noch nicht abgeschlossen.

5a) Dichtungsringe;
 b) Konstruktionsteile im Flug– und Fahrzeugbau, Ersatz von Stahl
 c) Reifen, Bremsen, Schuhsohlen,
 d) Lager und andere Gleitflächen, Schnappverschlüsse, Computermemories (discs);
 e) Konstruktionsteile für chemischen Apparatebau, Behälter für Chemikalien, Kunststoffbeschichtung als Korrosionsschutz;
 f) Dämpfungsglieder in Getrieben, Schallschutz Ummantelungen.

6. Adhäsion kommt dadurch zustande, daß zwischen polaren Klebstoffmolekülen und den Atomen der Werkstoffoberfläche Bindungskräfte auftreten. Daneben wird die Bindung der Atome im Klebstoff selbst durch die Kohäsion beschrieben. Beide übertragen bei einer Klebung die angreifenden äußeren Kräfte. Dabei wirkt sich eine niedrige Grenzflächenenergie zwischen Werkstoff und Klebstoff positiv auf die Adhäsion aus.

   Adhäsion kann am besten durch die Verwendung von Stoffen mit niedriger Oberflächenenergie, wie z.B. PE oder PTFE, verhindert werden.

10 Verbundwerkstoffe

10.1 Herstellung von Phasengemischen

1. Ein Verbundwerkstoff entsteht durch die künstliche[1] Kombination zweier oder mehrerer Werkstoffe mit dem Ziel der Herstellung eines neuen Werkstoffes, bei dem eine Eigenschaft, oder eine Eigenschaftskombination, diejenige der einzelnen Bestandteile übertrifft.

2a) Tränken von Fasern (Strängen, Geweben).
 b) Verbundverformung (Ziehen) von Dispersion.
 c) Gerichtete Erstarrung.
 d) Organisches Wachstum.

3a) α–Eisen (Ferrit) und Graphit im grauen Gußeisen.
 b) α–Eisen und Fe_3C im Stahl.
 c) Al und C im kohlefaserverstärkten Aluminium.

4. Einlegen der gewünschten Anordnung der Glasfasern in eine Form → Tränken mit dünnflüssigem (unvernetztem) Polymer → vernetzen.

---

[1]__Anmerkung:__ Es gibt auch natürlich entstandene Werkstoffe mit der eines Verbundes vergleichbaren Struktur: Holz enthält ein Fasergefüge, das durch organisches Wachstum entsteht. Durch gerichtete eutektische Erstarrung entstehen Faser– oder Lamellengefüge, die auch als in–situ Verbunde bezeichnet werden.

10.2 Faserverstärkte Werkstoffe

1. Es gilt für

    $\epsilon_{Cu} = \epsilon_C$ (Parallelschaltung)

    $$E = E_{Cu}f_{Cu} + E_C f_C \qquad (1)$$

    $$R_{mv} = R_{mCu}f_{Cu} + R_{mC}f_C \qquad (2)$$

    Gleichung 2 gilt nur, wenn Matrix und Faser beim Bruch des Verbundes gleichzeitig reißen.

    a) $f_C = \dfrac{R_{mV} - R_{mC}}{R_{mCu} - R_{mC}}$

    $\underline{\underline{f_C}} = \dfrac{1.000 - 2.000}{300 - 2.000} = \underline{\underline{0{,}59}}$

    b) $\underline{\underline{E}} = (127 \cdot 0{,}41 + 350 \cdot 0{,}59) \cdot 10^3 \text{ MPa} = \underline{\underline{259.000 \text{ MPa}}}$.

    c) Es gilt annähernd das Reihenschaltungsmodell für E.

    $$\frac{1}{E} = \frac{f_{Cu}}{E_{Cu}} + \frac{f_C}{E_C} \qquad (3)$$

    Die Zugfestigkeit ist durch das schwächste Glied in der Reihe bestimmt: $R_{mCu} < R_{mC}$, falls nicht die Grenzflächen Cu/C aufreißen und zu einer zusätzlichen Schwächung führen.

2. a) – Keramik–Fasern (SiC),
   – Korund–Fasern (Al_2O_3)
   mit jeweils maximal 60% Faseranteil.

   b) Erhöhung des E–Moduls bei gleichzeitiger Erniedrigung von Dichte und thermischer Ausdehnung.

3. $l_c = \dfrac{\sigma_F \cdot d}{2 \cdot \tau_g}$

   mit:

   $\sigma_F \;\hat{=}\;$ Faserfestigkeit

   $\tau_g \;\hat{=}\;$ Grenzschichtscherfestigkeit

4. $F_{Zug} = F_{Schub}$

   $r^2 \pi R_{m\beta} = l_C \tau_{\alpha\beta} 2 r \pi$

   a) $\underline{\underline{l_C}} = \dfrac{r R_{m\beta}}{2 \tau_{\alpha\beta}} = \dfrac{10 \cdot 2.000}{2 \cdot 250} = \underline{\underline{40 \;\mu m}}$

   b) $\underline{\underline{l_C = 4 \;\mu m.}}$

5a) Die obere Grenze der Schubfestigkeit τ_{th} von Metallen beträgt:

$$\tau_{th} \approx \dfrac{G}{10}$$

Für den Zusammenhang zwischen Schub– und Zugspannung gilt für regellose Verteilung der Orientierungen:

$$\sigma \approx 3\tau$$

folglich:

$$\sigma_{th} \approx \dfrac{G}{10} \approx \dfrac{E}{30}.$$

	E [GPa]	σ_{th} [MPa]	R_m [MPa]	$\rho \left[\frac{g}{cm^3}\right]$
W	360	12.000	–	19,3
B	309	10.300	–	1,9
Fe	215	7.200	3.500	7,8
Cu	125	4.200	–	8,0
Ti	110	3.700	1.700	4,5
Al	72	2.400	670	2,7

bisher in der Praxis erreicht

b) E/ρ bestimmt die Reihenfolge:

	Be	Fe	Al	Ti	W	Cu	
E/ρ	163	28	27	24	19	16	[MPa/Mgm^{-3}]

c) <u>Bei Werkstoffen für Luft- und Raumfahrt</u>: Erdanziehung ist proportional der Masse;

<u>Für Zentrifugen, Ultrazentrifugen, Turbinenschaufeln</u>: Zentrifugalkraft ist proportional der Masse;

Für alle beschleunigten und verzögerten Massen zum Beispiel bei <u>Kolben von Kolbenmaschinen</u>: Beschleunigungskräfte, Trägheit ist proportional zur Masse.

d)

	E [MPa]	ρ [gcm^{-3}]	E/ρ [MPa/Mgm^{-3}]	
Diamant	1.200.000	2,26	531.000	keramisch
Glas	70.000	2,50	7.000	
PE	1.000	0,95	1.053	polymer
PVC	3.000	1,38	2.170	

<u>Keramische Werkstoffe</u> können insbesondere dann höhere E/ρ–Werte aufweisen, wenn sie aus Atomen geringerer Ordnungszahl (B, C) aufgebaut sind.

10 Verbundwerkstoffe

Polymere weisen geringere Werte im isotropen Zustand auf. Beim einachsigen Verstrecken kann der E–Modul auf das 30–80 fache erhöht werden. Parallel der Richtung der Molekülachse erreichen und übertreffen sie dann die Werte der Metalle.

6. Die Reißlänge ist die größtmöglichste Länge eines Fadens (Drahtes, Stabes), die freihängend erreicht werden kann, ohne daß er unter seinem Eigengewicht reißt.
   Die Zugkraft ist festgelegt durch die Masse des Werkstoffes und der Erdbeschleunigung: $K_1 = m \cdot g$.
   Die größtmögliche Zugkraft K_2 ist durch die Zugfestigkeit R_m des Werkstoffes bestimmt.

   $$K_2 = R_m \cdot S$$

   S ist der Querschnitt des Drahtes, V sein Volumen, L seine Länge.

   $$V = SL$$

   Für $K_1 = K_2$ wird $L = L_R$, der Reißlänge des Werkstoffes bei definierter Erdbeschleunigung g und Dichte $\rho = m \cdot V^{-1}$.

   $$R_m S = \rho \cdot S L_R g$$

   $$\frac{R_m}{\rho \cdot g} = L_R = \left[\frac{KN \; m^3 \; s^2}{m^2 \; Mg \; m}\right] = \left[\frac{Mg \; m \; s^2}{s^2 \; Mg}\right] = m$$

   Da in der irdischen Praxis von g als Konstante ausgegangen werden kann, findet man die Reißlänge oft auch mit der Dimension

   $$\left[\frac{N}{m^2} \frac{cm^3}{g}\right]$$

   angegeben.

Werkstoff	Maraging Steel	Kevlar 49	C–Faser	Al–Leg.
R_m/ρ [MPa/Mg m^{-3}]	450	2.500	1.700	250

10.3 Stahl- und Spannbeton

1a) Die Aufnahme von Zugspannungen im Bauteil und die Behinderung des Rißwachstums im Beton.

b) Die Erzeugung einer Druckvorspannung im Beton, um diesen wiederum mit Zug belasten zu können.

2a) Aus dem Gleichgewicht der Kräfte folgt:

$$|+\sigma_{St}| \cdot f_{St} = |-\sigma_\beta| \cdot f_\beta = \sigma_\beta (1-f_{St})$$

$$\underline{\underline{\sigma_\beta}} = \frac{\sigma_{St} f_{St}}{1 - f_{St}} = \frac{600 \cdot 0{,}05}{0{,}95} = \underline{\underline{32 \text{ MPa}}}$$

b) Die hohe Streckgrenze kommt neben der Mischkristall– und Ausscheidungshärtung (Fe_3C–Dispersion) insbesondere durch Kaltverfestigung beim Ziehen (erhöhte Versetzungsdichte + Reckaltern) zustande.

10.4 Schneidwerkstoffe

1a) <u>Kaltarbeitsstahl:</u> $x_C > 0{,}6$ Gew.%
<u>Warmarbeitsstahl</u> zusätzlich Cr, Mo zur Bildung von anlaßbeständigen Karbiden.

b) 1% C, 18% W, 4% Cr, 2% V.

c) 60 bis 90% WC, TiC in Co, (Ni, Fe).

d) Al_2O_3, $Al_2O_3 + 5\% ZrO_2$

e) Allgemein: metallische Grundmasse und keramische (Oxid–) Dispersion.
(Alle Angaben in Gew.%.)

2. Mischen der Pulver → Pressen → Reaktionssintern bei etwa 1.500 °C → Schleifen.

3. Nach oben begrenzt durch die Notwendigkeit einer metallischen Grundmasse (erhöhte Bruchzähigkeit).

4. Die Härte– und Schmelztemperatur von Al_2O_3–Schneidkeramik ist höher, die Bruchzähigkeit ist geringer als bei Hartmetallen. Schneidkeramik ist günstiger unter Bedingungen, die die Bildung und Ausbreitung von Rissen nicht begünstigen,

sie sind also nicht gut geeignet für schlagartige Beanspruchung und unterbrochene Schnitte.

10.5 Oberflächenbehandlung

1. – Veränderung der Mikrostruktur ohne Änderung der Zusammensetzung, z. B. Flammhärten, Kugelstrahlen, Laserhärten.
   – Modifizierung der chemischen Zusammensetzung, Aufkohlen (Einsatzhärten), Inchromieren.
   – Aufbinden eines anderen Werkstoffes, Walzplattieren, Emaillieren.

2. <u>Oxidierend:</u> Anodische Oxidation von Al:

   $$Al - 3e^- \rightarrow Al^{3+}$$

   führt zur Bildung einer verstärkten Oxidschicht.
   <u>Reduzierend:</u> Elektrolytische Beschichtung mit Metallen: vergolden, verzinnen, verzinken.

   $$Au^+ + e^- \rightarrow Au$$
   $$Sn^{4+} + 4e^- \rightarrow Sn$$
   $$Zn^{2+} + 2e^- \rightarrow Zn$$

3. Es gibt
   – keramische,
   – metallische,
   – organische

   Beschichtungen sowie Behandlungen mit Modifizierung der chemischen Zusammensetzung (siehe 10.5.1).
   – Emaillieren, oxidische CVD–, PVD–Schichten
   – sowohl durch unedlere (Zn), als auch durch edlere (Sn) Metalle.
   – Kunststoffbeschichtung, Farben, Lacke.

   Hierbei sind die chemische Schutzwirkung und weitere Eigenschaften (Härte, Schlagfestigkeit, Haftung, Umformbarkeit mit Grundwerkstoff) zu unterscheiden
   Für die <u>chemische Schutzwirkung</u> gibt es folgende drei Möglichkeiten:
   – die Korrosionsschutzwirkung kommt zustande durch bevorzugte Auflösung des unedleren Metales: Zn

$$Fe^{2+} \to Fe + 2e^-$$
$$Zn \to Zn^{2+} + 2e^-$$
– oder Schutz durch ein edleres Metall: Sn
– oder Schutz durch ein passivierendes Metall: Cr, Ni.

4.   K auf M: Emaille–Stahl
       M auf M: reines Al–AlCuMg
       P auf M: Polymer–Stahl

10.6 Holz

1.+2.

Ortho–rhombische Symmetrie (8,4,2) der Struktur: in Wachstumsrichtung orientierte Zellen mit Wänden aus Zellulosefasern (Z), die durch Lignin (L) verklebt sind; Hohlräume (H) im Zellinneren; radiale Wachstumsringe (Jahresringe).

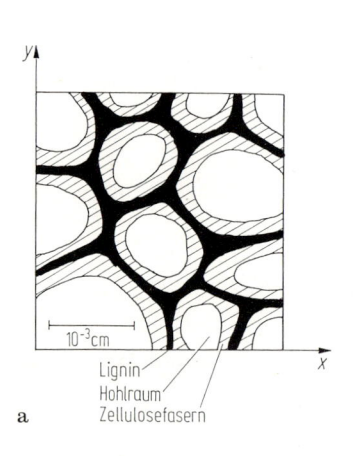

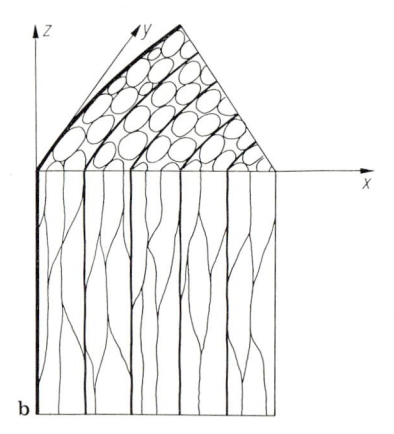

Bild A10.1

3.   Zugfestigkeit $R_{mz} > R_{my} > R_{mx}$
     Druckfestigkeit $R_x > R_y > R_z$

4. $R_{mz} = R_{mz'z} f_z + R_{mL} f_L$

$$f_z + f_L + f_H = 1$$

f_i Flächenanteile in xy–Ebene von Zellulosefasern, Lignin und Hohlräumen.

5. Wasser erhöht die Dichte; die plastische Verformbarkeit wird besser; das Volumen vergrößert sich (Verzuggefahr).

6. Imprägnieren von Holz mit Duromeren verhindert die Eindiffusion und Adhäsion von H_2O.

Anhang

Hier sind die wichtigsten regelmäßig erscheinenden Fachzeitschriften zusammengestellt, die werkstoffwissenschaftliche Themen und deren Randgebiete behandeln.
Hinter den einzelnen Titeln ist jeweils in Klammern vermerkt, wo die inhaltlichen Schwerpunkte der Zeitschriften liegen. Dabei bedeuten:

WW → Werkstoffwissenschaft (Grundlagen)
WT → Werkstofftechnik (Anwendung)
WP → Werkstoffprüfung
RG → Randgebiete.

1) Acta Metallurgica (WW)
2) Advanced Materials and Processes (WW, WT)
3) Aluminium (WT)
4) Applied Physics (WW)
5) Applied Physics Letters (WW)
6) Archiv für das Eisenhüttenwesen (WW, WT)
7) Bauingenieur (RG)
8) Composites (WT)
9) Corrosion (WT, WP)
10) Der Maschinenschaden (RG)
11) Engineering Materials and Design (WT, RG)
12) Fortschritte der Physik (WW)
13) Glass and Ceramics (WW, WT)
14) Härtereitechnische Mitteilungen (WT)
15) Heat Treatment of Metals (WW, WT)
16) Holz als Roh– und Werkstoff (WT, RG)
17) Holzforschung und Holzverwertung (WW, WT, RG)

18) International Journal of Fracture (WT)
19) International Journal of Polymeric Materials (WW)
20) International Journal of Powder Metallurgy & Powder Technology (WW, WT)
21) Jenaer Rundschau (WW, WT)
22) Journal of Applied Physics (WW)
23) Journal of Biomedical Materials Research (WW, RG)
24) Journal of Coatings Technology (WW, WT)
25) Journal of Composite Materials (WW, WT)
26) Journal of Elastomers and Plastics (WW, WT)
27) Journal of Magnetism and Magnetic Materials (WW, RG)
28) Journal of Materials Research (WW)
29) Journal of Materials Science (WW)
30) Journal of Materials Science Letters (WW)
31) Journal of Metals (WW)
32) Journal of Thermal Analysis (RG)
33) Kunststoffe, German Plastics (WW, WT)
34) Kunststoff Journal (WT)
35) Materialprüfung (WP)
36) Materials Letters (WW)
37) Materials Research Bulletin (WW)
38) Materials Science and Engineering (WW, WT)
39) Metall (WW, WT)
40) Metallurgical Transactions (WW)
41) Neue Hütte (WW)
42) Physica Status Solidi (WW)
43) Physikalische Blätter (RG)
44) Plastics Engineering (WT)
45) Polymer (WW, WT)
46) Powder Metallurgy International (WT)
47) Praktische Metallographie (WW, WP)
48) Progress in Materials Science (WW)
49) Scripta Metallurgica (WW)
50) Stahl und Eisen (WW, WT)
51) Sprechsaal (RG)
52) Steel research (WW, WT)
53) Wear (WT)
54) Werkstatt und Betrieb (RG)

55) Werkstoffe und Korrosion (WT, WP)
56) Wood and Fiber (WW, RG)
57) Wood Science and Technology (WW, WT)
58) World Cement Technology (RG)
59) wt Werkstattechnik (WT, RG)
60) Zeitschrift für Metallkunde (WW, WT)
61) Zeitschrift für Werkstofftechnik (WT)
62) Zellstoff und Papier (RG)

E. Hornbogen

Werkstoffe

Aufbau und Eigenschaften von Keramik, Metallen, Polymer- und Verbundwerkstoffen

5., neubearb. u. erw. Aufl. 1991. Etwa 390 S. 278 Abb. (Springer-Lehrbuch) Geb. DM 98,- ISBN 3-540-53938-7

Aus den Besprechungen: „... Es vermittelt mit den klar gegliederten, präzise formulierten und mit eindeutigen bildlichen Darstellungen versehenen Ausführungen über den Aufbau und die dadurch bedingten Eigenschaften der Werkstoffe zugleich das Konzept einer neuzeitlichen Werkstoffwissenschaft. Inhalt, Darstellung und Ausstattung haben ein hervorragendes Lehrbuch für Studenten der ingenieurwissenschaftlichen Fachrichtungen ergeben. Darüber hinaus ist es vielen Ingenieuren der Werkstofftechnik ein willkommenes Übersichtswerk für die Kenntnisse über die Werkstoffeignung.
Ausgehend von einer einheitlichen werkstoffwissenschaftlichen Darstellung der Struktur und ihrer Bildungsbedingungen von Werkstoffen sowie der sich ergebenden mechanischen, physikalischen und chemischen Eigenschaften werden die vier Werkstoffhauptgruppen mit ihren technisch wichtigen Kennzeichnungen und den jeweiligen, nach verschiedenen Prinzipien aufgebauten und mit unterschiedlichen Behandlungsverfahren herstellbaren Werkstoffarten und Zuständen beschrieben. Hierbei werden Einzelheiten des Aufbaus und der Eigenschaften sowie ihrer Wechselwirkungen gleichermaßen deutlich."

Werkstoffe und Korrosion

Springer-Verlag
Berlin
Heidelberg
New York
London
Paris
Tokyo
Hong Kong
Barcelona
Budapest